たのしくまなぶ Python プログラミング図鑑

COMPUTER CODING Python Projects FOR KIDS

パイソン

キャロル・ヴォーダマンほか [著]　山崎正浩 [訳]

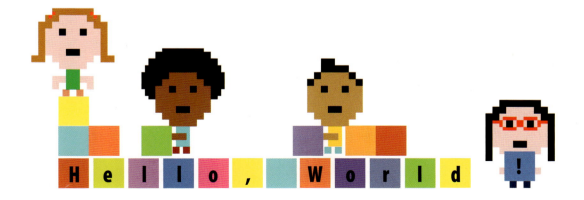

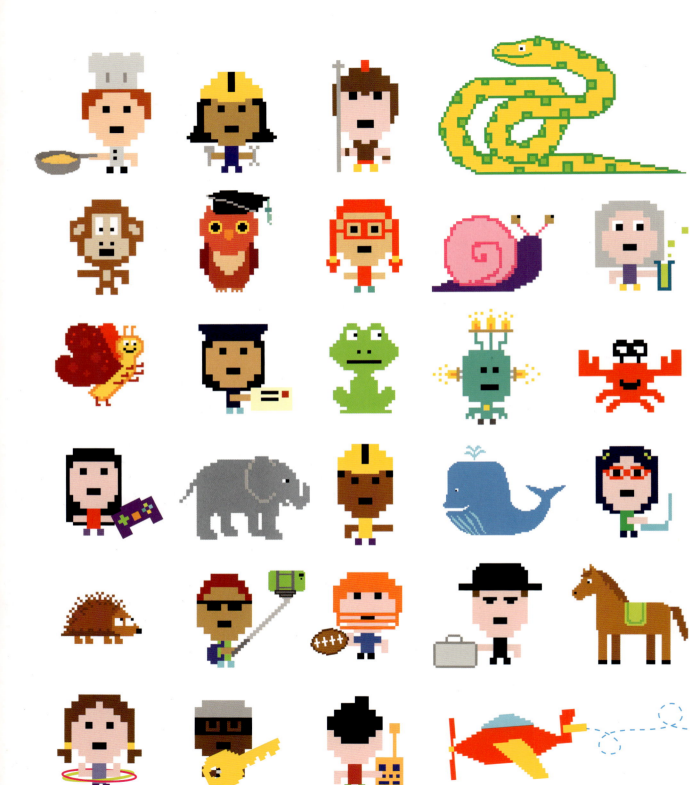

たのしくまなぶ
Python
パイソン
プログラミング図鑑

キャロル・ヴォーダマンほか [著]　山崎正浩 [訳]　　　創元社

Original Title: Computer Coding Python Projects for Kids
Copyright © 2017 Dorling Kindersley Limited
A Penguin Random House Company

Japanese translation rights arranged with
Dorling Kindersley Limited, London
through Fortuna Co., Ltd. Tokyo.

For sale in Japanese territory only.

Printed and bound in China

A WORLD OF IDEAS: SEE ALL THERE IS TO KNOW
www.dk.com

本書に記載されている会社名および製品名は、それぞれの会社の登録商標または商標です。本文中では®およびTMを明記しておりません。
本書で紹介しているアプリケーションソフトの画面や仕様およびURLや各サイトの内容は変更される場合があります。

著者紹介

キャロル・ヴォーダマンは英国の人気タレントで、計算能力が高いことで有名である。BBC、ITV、Channel4の各テレビ局で、科学や技術に関する番組のパーソナリティーを務め、Channel4の「Countdown」にアシスタントとして26年間出演した。ケンブリッジ大学で工学の学位を取得している。科学と技術の知識の普及に情熱を燃やし、特にプログラミングに深い関心を寄せている。

クレイグ・スティールはコンピューター教育の専門家である。スコットランドの若者を対象としたプログラマー道場でプロジェクトマネージャーを務めている。ラズベリーパイ財団、グラスゴー・サイエンス・センター、BBC マイクロビットプロジェクトへ関わった経験もある。初めてさわったコンピューターはZX Spectrumだった。

クレール・クイグリーはグラスゴー大学でコンピューター科学を学び、理学士と博士の学位を取得した。ケンブリッジ大学コンピューター研究所とグラスゴー・サイエンス・センターに勤務しながら、エディンバラで小学生向けの教育カリキュラム（音楽と科学技術）開発に携わっている。若者を対象としたスコットランドのプログラマー道場で相談員も務めている。

マーティン・グッドフェローはコンピューター科学で博士号を取得し、大学を含む様々な学校でプログラミング教育に携わった経験を持つ。スコットランドのプログラマー道場と職業能力開発校、グラスゴー・ライフ（慈善団体）、ハイランズアンドアイランズ・エンタープライズ（開発公社）向けの教材を開発し、ワークショップを運営している。またBBCのデジタル・コンテンツ制作を監修している。現在はナショナル・コーディング・ウィークのスコットランド代表でもある。

ダニエル・マカファティはストラスクライド大学でコンピューター科学の学位を取得した。銀行から放送業界まで、様々な業種と規模の会社でソフトウェア・エンジニアとして勤務した経験を持つ。現在はグラスゴーで妻と娘とともに暮らし、若者にプログラミングを教えている。余暇にはサイクリングに汗を流し、家族と共に過ごす時間を楽しんでいる。

ジョン・ウッドコックはオックスフォード大学で修士（物理学）、ロンドン大学で博士（数値天体物理学）の学位を取得した。8歳からプログラミングにのめりこみ、シングルチップ・マイクロコンピューターから世界有数のスーパーコンピューターまで、あらゆる種類のコンピューターのプログラミング経験を持つ。『10才からはじめるゲームプログラミング図鑑』（創元社刊）の共著者であり、DK社から刊行された他のプログラミング技術書6冊の執筆にも参加した。

目次

まえがき　　　　　　　　　　　　　8

1　パイソンを始めよう

プログラミングってなんだろう？　　12
パイソンはどんな言語かな？　　　　14
パイソンのインストール　　　　　　16
IDLEを使ってみる　　　　　　　　　18

2　最初のステップ

最初のプログラム　　　　　　　　　22
変数　　　　　　　　　　　　　　　24
判断する　　　　　　　　　　　　　28
くり返し　　　　　　　　　　　　　32
動物クイズ　　　　　　　　　　　　36
関数　　　　　　　　　　　　　　　44
デバッグ（バグとり）　　　　　　　48
パスワード生成機　　　　　　　　　52
モジュール　　　　　　　　　　　　58
文字当てゲーム　　　　　　　　　　60

3　タートル・グラフィックス

ロボットを作ろう　　　　　　　　　72
スパイラル　　　　　　　　　　　　82
星空　　　　　　　　　　　　　　　90
レインボー・カラー　　　　　　　　98

4　パイソンで遊んでみよう

カウントダウン・カレンダー　　　110
エキスパートシステム　　　　　　120
ひみつのメッセージ　　　　　　　130
ペットをかおう　　　　　　　　　142

5 ゲームを作ってみよう

はらぺこイモムシ　　　158
スナップ　　　168
神経すい弱　　　180
エッグ・キャッチャー　　　190

6 リファレンス

ソースコード　　　202
用語集　　　220
索引　　　222

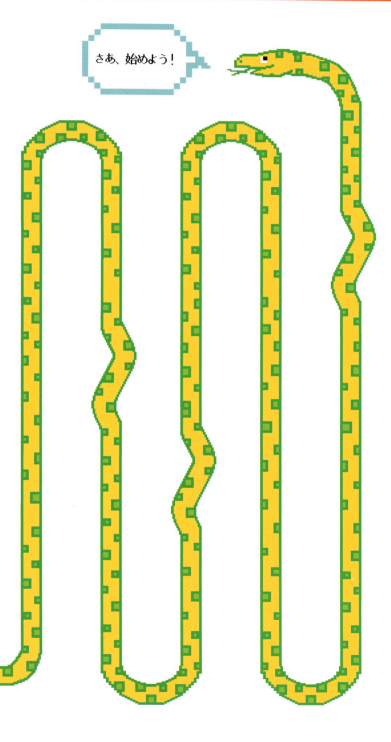

まえがき

世界はデジタル化されています。そして生活のあらゆる場面にコンピューターが関わっています。少し前まで、コンピューターは大きく重くうるさい機械で、たいていは机の上に置いたまま使っていました。ところが今では、コンピューターは小さく静かな機械になり、スマートフォン、自動車、テレビ、さらには腕時計の中に組み込まれています。私たちはコンピューターを使って仕事をし、ゲームで遊び、映画を観て、ショッピングし、友達や家族とコミュニケーションをとっています。

現代のコンピューターは、昔よりも使い方がわかりやすくなっています。ですが、コンピューターを動かしているプログラムの書き方を知っている人は、そう多くはないのです。ソフトウェア・エンジニア（プログラマー）になれば、コンピューターがどのように動いているかを理解できます。ちょっと練習すれば、自分だけのアプリを作ったり、オリジナルのゲームで遊んだりできます。他の人が作ったプログラムをいじって、好きなように改造することもできるのです。

プログラミング（プログラムを作ること）は熱中しやすい趣味であると同時に、世界中で必要とされているスキルでもあります。プログラムの書き方を学んでおけば、科学、芸術、音楽、スポーツ、ビジネスと、どのような分野に進んでも役立つことでしょう。

今では、いろいろなプログラミング言語を習えます。ブロックをドラッグアンドドロップするだけでプログラムが作れるスクラッチや、ウェブでよく使われているJava（ジャバ）などの言語もあります。本書で取り上げているPython（パイソン）は、世界で広く使われている言語です。学生にも専門家にも人気があり、習いやすく、様々な目的に使える強力な言語です。まったくの初心者という人にも、スクラッチなどのシンプルな言語を使っていたという人にも、パイソンはぴったりの言語なのです。

プログラミングの上達のコツは、のめりこむことです。この本は、プログラミングに夢中になれるよう工夫がされています。順番どおりにきちんと進めていけば、おもしろいゲームやグラフィック、パズルがすぐに作れます。楽しみながら取り組めば、プログラミングを覚えるのはむずかしいことではありません。この本では、できるだけおもしろい課題（プロジェクト）を選びました。

今までプログラミングをしたことがないのなら、最初のページから読み進めてください。細かいところが理解できなくても、気にしないようにしましょう。プロジェクトを次々に作っていけば、理解する力も上がっていきます。また、作ったプログラムがうまく動かなくても大丈夫です。プログラムにまちがいはつきものなので、専門家もまちがいを見つけて直す作業（デバッグといいます）を必ずしています。

それぞれのプロジェクトが終わるごとに、改造のためのヒントを書いてあります。自由にプログラムを改造してみましょう。ちょっとしたイマジネーションとスキルがあれば、プログラミングによって無限の可能性が広がるのです。

キャロル・ヴォーダマン

パイソンを始めよう

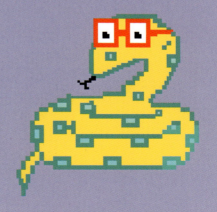

プログラミングってなんだろう？

プログラマーというのは、コンピューターに仕事をさせるための命令を書いていく人だ。プログラマーが書いたものをソースコードと呼ぶよ。プログラマーはコンピューターに計算をさせたり、音楽を演奏させたり、ロボットを歩かせたり、他にもロケットを火星まで飛ばしたりするぞ。

何もできない箱

コンピューターは自分で何かを思いついて行動することができない。きちんとした指示がなければ、何もできないただの箱だよ。コンピューターはだれかに命令されたことだけを実行するんだ。だからプログラマーがコンピューターのために命令を用意するんだ。

▲芸ができるペット
ソースコードの書き方を覚えれば、プログラムを作ってコンピューターを思いのままに動かせるよ。電気で動いて芸を覚えるペットのようなものだね。

プログラミング言語

コンピューターに命令をするためには、プログラミングを学んでおかなければならない。初心者にはスクラッチのようなビジュアルプログラミング言語が覚えやすいけど、専門家はテキスト（文字）で書くプログラミング言語を使っているぞ。この本ではテキスト言語の中でも人気があるPython（パイソン）を学ぶよ。

なぜ、だまっているの？

▼Scratch（スクラッチ）
スクラッチはビジュアルプログラミング言語だ。ゲームやアニメーションなんかを作るのにぴったりの言語だね。スクラッチでは命令するためのブロックをつなげてプログラムを作るよ。

▼Python（パイソン）
パイソンはテキストで書いていくプログラミング言語だ。プログラマーはアルファベットを使った単語、略語、数字、記号を使うよ。これらを組み合わせた命令を、キーボードから打ちこんでいくんだ。

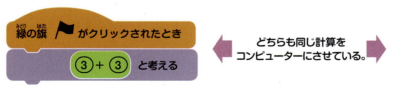

どちらも同じ計算をコンピューターにさせている。

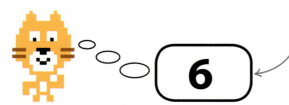

計算結果は吹き出しの中に表示される

計算結果を見るにはエンター（またはリターン）キーを押そう

プログラミングはだれでもできる

プログラマーになるには、いくつかの基本的なルールと命令を覚えればいい。それだけで、好きなようにソースコードを書けるよ。例えば科学に関心があるなら、実験結果をグラフにするアプリを作れるぞ。芸術的センスを生かして、オリジナルゲームのための世界をデザインすることもできる。

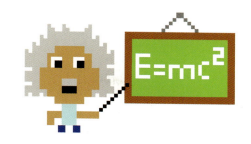

▼すじ道を立てて考える

プログラマーはすじ道を立てて考え（論理的に考え）、注意しながらソースコードを書かなければならないんだ。命令が正確でなかったり、順番をまちがえていたら、プログラムはきちんと動かないぞ。よく考えてから1つ1つの命令を書き、思ったとおりにプログラムが動くようにしよう。君だってズボンをはいてから下着をはいたりはしないよね。

▼細かいところに気をつける

もし、まちがい探しが得意なら、上手なプログラマーになれるかもしれないぞ。プログラミングで大事なことは、プログラムのまちがいを見つけることだ。まちがい（バグと呼ぶよ）が小さいものでも、大問題になることがある。バグ探しが得意なプログラマーは文字の打ちまちがいや論理のまちがい、そして命令の順番がおかしいところをすぐに見つけるぞ。こうした作業をデバッグと呼ぶのだけれど、なかなかむずかしいんだ。

キーワード

バグ

バグはプログラムの中のまちがいのことだ。バグがあると、プログラムは思ったようには動かないぞ。昔のコンピューターでは、虫が機械の中に入って故障させてしまうことがあった。それでプログラムのまちがいをバグと呼ぶようになったんだ。バグは英語で「虫」のことだよ。

プログラミングを始めよう

プログラミングと聞くと、何やらむずかしく感じてしまう。でもプログラミングを学ぶのはかんたんだよ。上達のコツは、プログラミングにのめりこむことだ。この本では、シンプルなプログラム（プロジェクト）から始めて、プログラミングが自然に身に着くようにしてある。番号どおりに1つずつ進めていけば、ゲームやデジタルアートをすぐに作れるようになるよ。

パイソンはどんな言語かな？

パイソンは世界中で人気のプログラミング言語だよ。最初に発表されたのは1990年代で、今では数えきれないほどのアプリ、ゲーム、ウェブサイトで使われているよ。

なぜパイソンなの？

パイソンはプログラミング入門用にぴったりな言語で、授業で使っている学校も多い。ここでは、パイソンが使いやすい理由をまとめてみたよ。

> **キーワード**
> ### なぜパイソンと呼ぶの？
> パイソンという名前のヘビがいるけれど、ヘビからとったわけではないぞ。イギリスのコメディグループが「空飛ぶモンティ・パイソン」というテレビ番組に出演していて、パイソンを開発したグイド・ヴァンロッサムが、このグループの大ファンだったんだ。

▲読みやすく書きやすい

パイソンはテキスト（文字）で書くプログラミング言語だよ。命令は英語の単語や句読点、記号や数字で書き表すよ。英語を知っていれば、読むのも書くのも、そしてソースコードを理解するのも楽になるんだ。

▲いろいろなマシンで動く

パイソンは「移植しやすい」言語だ。パイソンで書いたソースコードは、いろいろな種類のコンピューターでそのまま使えるんだ。Windows機でもマッキントッシュでも、作ったプログラムは同じように動作するよ。

▼すぐに使える

パイソンは「すぐに使える」と言われている。プログラミングに必要なものが、すべてそろっているからだ。

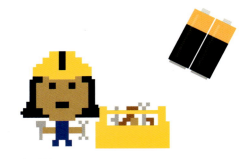

▲便利なツール

パイソンには便利なツールと、自分のソースコードに組みこんで使える部品がたくさん用意されている。これらを標準ライブラリと呼ぶよ。ツールをうまく使えば、オリジナルのプログラムを、よりかんたんにそしてすばやく作れるよ。

▶サポートもばっちり

パイソンの解説書が多く作られている。パイソンについてまとめたサイトも多いね。スタートアップガイドやレファレンス、そしてソースコードのサンプルもあるから利用しよう。

パイソンはどんな言語かな？ **15**

どこでパイソンが使われているの？

パイソンは、プログラミングを覚えるためだけに使われているのではないぞ。ビジネス、病院、科学、メディアなど、いろいろな場面で活やくしているんだ。君の家の明かりやエアコンをコントロールするのにも、使われているかもしれないね。

> **うまくなるヒント**
>
> ### インタプリタ
>
> プログラミング言語には、インタプリタを使うタイプがある。インタプリタはプログラマーが書いたソースコードなどを読み、コンピューターが理解できる機械語に置きかえていくものだ。パイソンのプログラムを実行するたび、インタプリタがパイソンのソースコードを1行ずつ読んで、機械語に変換して実行しているんだ。

▼ウェブでの利用

パイソンはインターネットでよく使われている。Googleの検索エンジンはパイソンで書かれているよ。YouTubeもパイソンで書かれている部分が多いんだ。

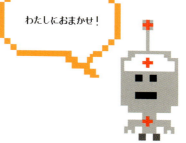

▲病院での利用

むずかしい手術をするロボットのプログラムを書くのにも使われているよ。パイソンでプログラミングされたロボットの方が、人間よりもすばやく手術できる場合があるんだ。動作が正確でミスもしにくいよ。

▲ビジネスでの利用

パイソンは銀行のオンラインシステムで使われている。また巨大なチェーンストアでも、品物にねだんをつけるシステムで使っているぞ。

▲宇宙での利用

NASAのミッションコントロールセンターで使うツールにも、パイソンで書かれたものがある。宇宙船のクルーがミッションの準備をするのを手助けしたり、クルーを見守っているぞ。

▲映画での利用

ディズニーのアニメでは、くり返し部分を自動的に作るためにパイソンが使われているよ。同じ動きを何度もかくのではなく、プログラムで自動的にくり返させるんだ。作業量がへって、映画を作る時間が短くなるよ。

パイソンのインストール

この本ではパイソン3を使うぞ。ウェブサイトから正しいバージョンをダウンロードしよう。Windows機とマッキントッシュでのダウンロードとインストールの仕方を紹介するね。

キーワード

IDLE

Integrated Development Environment（統合開発環境）の頭文字をとったIDLEは、パイソンをインストールしたときに無料でついてくるものだ。初心者向けになっていて、かんたんなテキストエディターが入っているから、パイソンのソースコードの読み書きがすぐにできるよ。

Windows機でのインストール

パイソン3をインストールする前に、コンピューターがどのOS（オペレーティングシステム）を使っているかチェックしよう。Windowsなら32ビットのものと64ビットのものがある。Windows10なら「バージョン情報」などの画面で調べてみてね。

1 パイソンのウェブサイト
下のURL（アドレス）をウェブブラウザに入力して、パイソンのウェブサイトを開こう。「Download」をクリックしてダウンロードのページを開くよ。

- https://www.python.org/

2 パイソンのダウンロード
Windows用の最新のパイソンをクリックしよう。バージョン番号が3で始まるのがパイソン3だね。もし選択画面が出てきたら、「executable installer」を選ぼう。

- Python 3.6.0a4 - 2016-08-15
    - Windows x86 executable installer
    - Windows x86-64 executable installer

Windowsが32ビット版ならこちらを選ぶ

Windowsが64ビット版ならこちらを選ぶ

3 インストール
インストーラーのダウンロードが終わったらアイコンをダブルクリックしてインストールを始めよう。「Install for all users」を選んで、「Next」をクリックし続ける。設定は初期設定のままだよ。

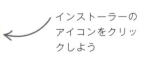

インストーラーのアイコンをクリックしよう

4 IDLEを起動する
IDLEを起動してパイソンが正しくインストールされたか試してみよう。スタートメニューから「すべてのプログラム（アプリ）」を開いて「Python」を選び、メニューからIDLEを選べば下のようなウィンドウが開くはずだ。

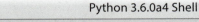

```
Python 3.6.0a4 Shell
IDLE   File   Edit   Shell   Debug   Window   Help
Python 3.6.0a4 (v3.6.0a4:017cf260936b, Aug 15 2016, 00:45:10) [MSC v.1900 32 bit (Intel)] on win32
Type "copyright", "credits" or "license()" for more information.
>>>
```

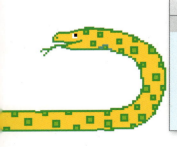

マッキントッシュでのインストール

マッキントッシュにパイソン3をインストールする前に、OSのバージョンを調べておこう。画面左上のリンゴのアイコンをクリックして、ドロップダウンメニューから「このMacについて」を選ぼう。

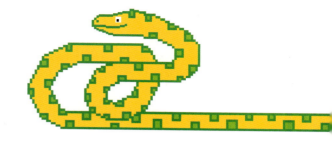

1 パイソンのウェブサイト
下のURL（アドレス）をウェブブラウザに入力して、パイソンのウェブサイトを開こう。「Download」をクリックしてダウンロードのページを開くよ。

```
https://www.python.org/
```

2 パイソンのダウンロード
ダウンロードのオプションから「Mac OS」を選んで自分のOSのバージョンに合った最新のパイソン3を選ぼう。Python.pkgファイルが自動でダウンロードされるよ。

- Python 3.6.0a4 - 2016-08-15
  - Download macOS X 64-bit/32-bit installer

バージョンの番号はこれと同じではないけれど、3で始まるかだけはチェックしておこう

3 インストール
「ダウンロード」フォルダで.pkgファイルを見つけよう。荷物を入れた箱が開いたイラストのアイコンだ。このアイコンをダブルクリックすればインストールが始まるぞ。何かを聞かれたら、「Continue（続ける）」と「Install（インストール）」を選べばいい。オプションは初期設定のままでだいじょうぶだよ。

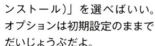

荷物のアイコンをクリックしてインストールだ

注意！
許可をとっておく

Pythonや他のプログラムをインストールするときは、必ずコンピューターの持ち主の許可をとるようにしよう。それから、インストールするときにコンピューターの管理者のパスワードが必要になるかもしれないよ。

4 IDLEを起動する
インストールが終わったらIDLEを起動してみよう。「アプリケーション」フォルダを開いて「Python」のフォルダを開こう。「IDLE」というアイコンをダブルクリックして、下のようなウィンドウが出てきたら成功だ。

```
                   Python 3.6.0a4 Shell
IDLE   File   Edit   Shell   Debug   Window   Help
Python 3.6.0a4 (v3.6.0a4:017cf260936b, Aug 15 2016, 13:38:16)
[GCC 4.2.1 (Apple Inc. build 5666) (dot 3)] on darwin
Type "copyright", "credits" or "license()" for more information.
>>>
```

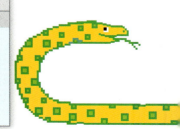

IDLEを使ってみる

IDLE（統合開発環境）では、2種類のウィンドウが開く。シェルウィンドウではプログラムをすぐに動かすことができ、エディタウィンドウはソースコードの読み書きとセーブに使えるよ。

シェルウィンドウ

IDLEを起動するとシェルウィンドウが開く。ファイルを先に作らなくてもプログラミングを始められる便利なウィンドウだ。シェルウィンドウにソースコードをそのまま打ちこめばいいんだ。

▼シェルウィンドウで動かしてみる

シェルウィンドウに命令を打ちこむとすぐに実行され、バグ（プログラムのまちがい）があるかどうか教えてくれるぞ。大きなプログラムに組みこむ前にシェルウィンドウで動かして、ソースコードが正しく書かれているかチェックするのにも使えるよ。

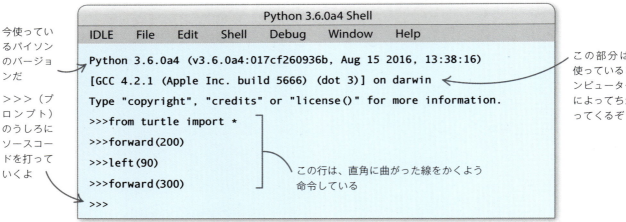

今使っているパイソンのバージョンだ

>>>（プロンプト）のうしろにソースコードを打っていくよ

この部分は、使っているコンピューターによってちがってくるぞ

この行は、直角に曲がった線をかくよう命令している

うまくなるヒント
2つのウィンドウ

どちらのウィンドウに文字を打ちこめばいいのかわかりやすくするため、この本では2種類のウィンドウを色わけしているよ。

シェルウィンドウ

エディタウィンドウ

▼シェルウィンドウで実験だ

下のソースコードをシェルウィンドウで入力して（キーボードから打ちこんで）、1行ごとにエンター（リターン）キーを押してみよう。日本語の文字や名前を入力するときだけ全角を、それ以外は必ず半角を使うようにしてね。

```
>>> print('私は10才')
```

```
>>> 123 + 456 * 7 / 8
```

```
>>> ''.join(reversed('私は10才'))
```

エディタウィンドウ

シェルウィンドウに入力したソースコードは保存（セーブ）できないから、ウィンドウを閉じると、ソースコードはもう見られなくなってしまう。だからこれから先のプロジェクトでは、エディタウィンドウでソースコードを入力することになるぞ。エディタウィンドウならソースコードを保存できるんだ。その上、用意されているツールを利用できるし、バグ探しの手助けもしてくれるよ。

▼エディタウィンドウを使う
IDLEでエディタウィンドウを開くには、左上のファイル（File）メニューから「New File」を選ぶよ。すると何も入力されていないウィンドウが現れるぞ。この本のプロジェクトを作るときは、このエディタウィンドウでソースコードの読み書きをするんだ。

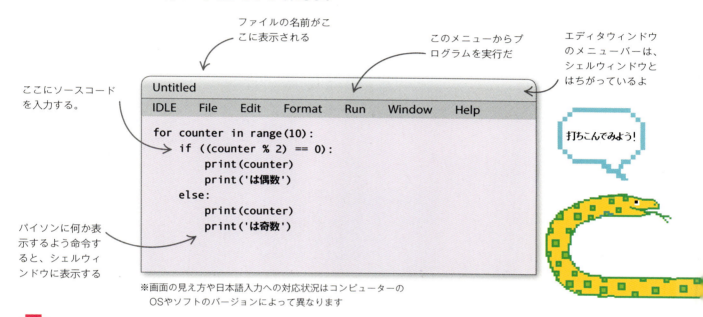

※画面の見え方や日本語入力への対応状況はコンピューターのOSやソフトのバージョンによって異なります

うまくなるヒント

ソースコードの色わけ

IDLEはソースコードを調べて、それぞれの部分がどのような役目をしているのか、色をつけて示してくれる。ソースコードを理解しやすくなるし、まちがいを探すときにも助かるね。

◀ **記号と名前**
黒い字になる部分は多いよ。

◀ **出力**
プログラムを動かしたときに表示される文字は青色だ。

◀ **用意されている命令**
「**print**」のようなパイソンの命令はむらさき色になる。

◀ **エラー**
ソースコードにまちがいがあると、赤色で教えてくれるぞ。

◀ **キーワード**
パイソンが使っている「**if**」や「**else**」のような特別なことば（キーワード）は、オレンジ色になるよ。

◀ **文字列**
クォーテーションで囲まれた文字は緑色になるぞ。

最初のステップ

最初のプログラム

パイソンとIDLEをインストールしたら、最初のプログラムを書いてみよう。番号順に作っていけば、君に向ってあいさつをするかんたんなプログラムができるよ。

しくみ

プログラミングの入門書では、「Hello World!」ということばを表示するプログラムを最初に作ることが多い。この本では、「Hello World!」と表示したあとに、ユーザーの名前をたずねるプログラムを作ろう。名前を入力すると、その名前を呼んであいさつをしてくるぞ。名前を覚えるために、「変数」というものを使うよ。変数は、情報を保存するために使われるんだ。

▶プログラムのフローチャート

プログラマーは図を使ってプログラムをデザイン（設計）し、どう動くかを表現するんだ。右はそのようなときに使われる図の１つで、フローチャートというよ。１つ１つのステップが四角の中に書かれていて、矢印で、どのような順に進むかが示されている。ステップの中に質問が書かれていて、答えごとにいくつもの矢印が出ていることもあるよ。

1　IDLEを起動する

IDLEを起動するとシェルウィンドウが現れるけれど、このウィンドウには何も入力せず、メニューのFileをクリックしよう。New Fileを選べば、エディタウィンドウが開いてソースコードを入力できるようになる。

2　1行目を入力する

エディタウィンドウに、キーボードで下のように入力するよ。「print」というのはパイソンの命令（関数と呼ぶよ）で、「Hello World!」といったことばを画面に表示するためのものだ。

```
print('Hello, World!')
```

3　ファイルを保存（セーブ）する

ソースコードを保存しておかないと、プログラムを実行できないよ。FileメニューからSaveを選ぼう。

最初のプログラム 23

4 ファイルに名前をつける

ポップアップウィンドウが出てくるので、「helloworld.py」のような名前をつけて保存をクリックしよう。

プログラムの名前はここに入力するよ。ポップアップウィンドウはこれとはちがう形の場合もあるよ

> **キーワード**
> ### .pyがつくファイル
> パイソンのソースコードを入力したファイルには、名前のうしろに「.py」という拡張子がつくのですぐに見分けられるよ。ファイルを保存するときにパイソンが自動的に拡張子をつけてくれたりするよ。

5 動くかチェックする

では、思いどおりにプログラムが動くかチェックだ。メニューのRunをクリックし、Run Moduleを選ぼう。シェルウィンドウに「Hello World!」と表示されたかな?

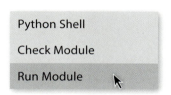

メッセージがシェルウィンドウに表示される

6 まちがいを直す

うまく動かないからといって、あわててはいけないよ。ソースコードを見直して、文字をまちがえていないか、かっこを忘れていないか、「print」と正しく打っているかなどをチェックしよう。まちがいを直したら、もう1回プログラムを実行してみよう。

> **うまくなるヒント**
> ### ショートカットキー
> エディタウィンドウを開いているときにキーボードのF5キーを押せば、すぐにプログラムが実行されるよ。RunメニューからRun Moduleを選ぶよりもかんたんだね。

7 行を増やす

エディタウィンドウに戻って、ソースコードを2行追加しよう。2行目は名前をたずねて変数に入れる。そして3行目で、その名前を入れたあいさつを表示するんだ。あいさつのことばをHelloから変えてもいいよ。どのようなことばにするかは自由だ。

```
print('Hello, World!')
ユーザー名 = input('名前を入力してください')
print('Hello,', ユーザー名)
```

この行でユーザーの名前をたずね、「ユーザー名」という変数に入れている

8 完成

プログラムを実行して正しく動くかチェックだ。自分の名前を入力してエンター(リターン)キーを押すと、シェルウィンドウに君に向けたあいさつが表示されるぞ。ちゃんと表示されたら、最初のプログラムの完成だ。おめでとう!

```
Hello, World!
名前を入力してくださいイチロー
Hello, イチロー
```

ユーザーの名前

変数

ソースコードをうまく書くには、情報を保存して、わかりやすい名前をつけておくことが重要になる。そのために使われるのが変数だ。ゲームのスコアを覚えたり、計算をしたり、アイテムのリストを入れたりと、変数が活やくする場面はいくらでもあるぞ。

▲箱
変数は、名前が書かれた箱のようなものだ。データを箱に入れ、中身を思い出しやすい名前をつけておけば、あとで楽にデータを取り出せるよ。

変数の作り方

変数には名前をつけないといけない。よく考えて、何を入れているかすぐに思い出せる名前にしよう。それから、どの情報を入れるかを決める。この情報が変数の「値（あたい）」だね。ソースコードに書くときは、変数の名前、「＝」の記号、値の順にする。このようにして情報を入れることを変数に「値を代入（だいにゅう）する」と呼んでいるよ。

1 値を代入する
シェルウィンドウで右のように入力してエンター（リターン）キーを押せば、変数**年れい**が作られ、値が代入される。君の本当の年れいを入れてもいいよ。

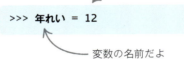

2 値を表示する
今度は、シェルウィンドウに右のように入力してみよう。エンター（リターン）キーを押すと何が起きるか、確かめてみよう。

うまくなるヒント

変数の名前のつけ方

名前のつけ方を工夫すると、わかりやすいソースコードになるよ。例えばゲームで、プレイヤーのライフを記録し続ける変数なら「ライフ」ではなく「残りライフ」の方がいいね。変数の名前には文字や数字が使えるけれど、1文字目は数字以外の文字でないといけないよ。ここにルールをまとめておくから、まちがえないようにしよう。

変数名のルール
- 1文字目は数字ではない文字にする。
- 文字はどれでも使える。
- -, /, #, @など使えない記号がある。
- スペースは使えない。
- スペースの代わりにアンダースコア(_)を使おう。
- 英字の大文字と小文字は区別されるので、Scoreとscoreは別の変数になる。
- printのようにパイソンが関数の名前として使っているものは、変数名にできない。

整数と浮動小数点数

プログラミングでは、小数点がつかない数はすべて整数、小数点がついている数は浮動小数点数と呼ぶよ。何かを数えるとき、プログラムではふつうは整数を使う。浮動小数点数が使われるのは、何かを計るときが多いね。

羊が1匹（整数）
羊が0.5匹（浮動小数点数）

数をあつかう

変数に数を代入して、計算に使うこともできる。計算するときは、算数と同じように記号を使おう。でも右の表をよく見ると変なところがあるね。「かけ算」と「わり算」の記号は、いつも使っているのとはちがうんだ。

記号	意味
+	足し算
−	引き算
*	かけ算
/	わり算

パイソンで計算に使う記号の一部

1 かんたんな計算

シェルウィンドウに右のように入力しよう。ここではxとyという名前の2つの変数に数を代入して、かけ算をしているよ。エンター（リターン）キーを押して答えを見てみよう。

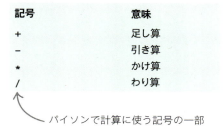

新しい変数xを作って6という値を代入するよ
```
>>> x = 6
>>> y = x * 7
>>> print(y)
42
```
計算の結果
yの値を表示する
xに7をかけた結果をyに代入するよ

2 値を変えてみる

変数の値を変えるには、新しい値を代入すればいい。右のように入力するとxの値は10になるので、もう一度計算してみよう。君はどんな結果になると思う？

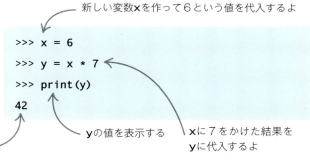

xの値を変える
```
>>> x = 10
>>> print(y)
42
```
なぜか結果は変わらないぞ

3 もう一度計算する

yの値を変えるには、計算し直した結果をyに入れなければならないんだ。右のように入力すれば、xが変わったあと、yに計算し直した結果が代入される。変数に新しい値を代入したときは、他の変数にも値を入れ直す（計算し直す）必要があるかチェックしよう。

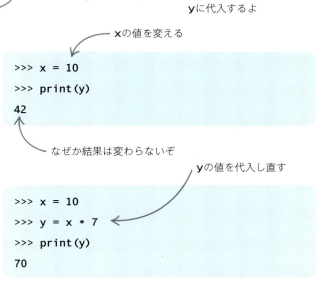

yの値を代入し直す
```
>>> x = 10
>>> y = x * 7
>>> print(y)
70
```

文字列を使う

プログラマーは文字が並んだものを「文字列」と呼ぶよ。単語や文は文字列としてあつかうんだ。ほとんどのプログラムは、どこかで文字列を利用しているよ。文字や記号は、キーボードでそのまま打てるものも、打てない（キーに書かれていない）ものも文字列として記録されるんだ。

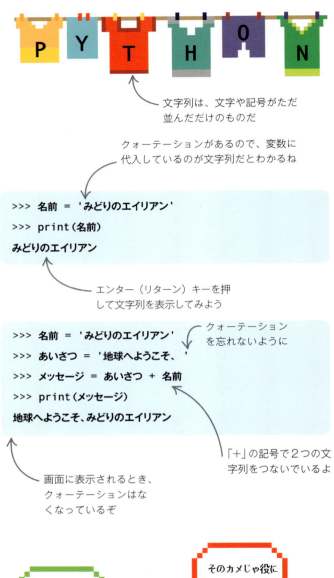

文字列は、文字や記号がただ並んだだけのものだ

クォーテーションがあるので、変数に代入しているのが文字列だとわかるね

1　変数に文字列を入れる
文字列は変数に代入できるよ。シェルウィンドウに右のように入力してみよう。文字列の**みどりのエイリアン**を変数**名前**に入れてから、画面に表示するよ。文字列はクォーテーションではさみ、どこで始まりどこで終わるかをはっきり示そう。

```
>>> 名前 = 'みどりのエイリアン'
>>> print(名前)
みどりのエイリアン
```

エンター（リターン）キーを押して文字列を表示してみよう

2　文字列をつなぐ
文字列を変数に入れておけば、それらの文字列をつないで新しい変数に代入できる。うまく使えばとても便利だ。右の例では、変数に入った2つの文字列をつないでいる。表示するとどうなるかな？

```
>>> 名前 = 'みどりのエイリアン'
>>> あいさつ = '地球へようこそ、'
>>> メッセージ = あいさつ + 名前
>>> print(メッセージ)
地球へようこそ、みどりのエイリアン
```

クォーテーションを忘れないように

画面に表示されるとき、クォーテーションはなくなっているぞ

「+」の記号で2つの文字列をつないでいるよ

うまくなるヒント

文字列の長さ

ちょっと便利な方法を紹介するね。**len( )** という命令は文字列の長さを数えるんだ（スペースも1文字あつかい）。この命令はパイソンで関数と呼ばれているものの1つで、他にも多くの関数がこの本に出てくる。例えば**「地球へようこそ、みどりのエイリアン」**の文字数を知りたければ、この文字列を変数に代入したあとで、シェルウィンドウに下のように入力してエンター（リターン）キーを押せばいい。

```
>>> len(メッセージ)
17
```

文字数を数えた結果だ

リーダーのところに案内しろ…

そのカメじゃ役に立たないよ！

変数 **27**

リスト

記録したいデータがいっぱいあるときや、データの順番が大事なときには、リストを使った方がいいかもしれない。リストならたくさんのアイテムをまとめておけるし、順番をつけることもできるよ。パイソンではリストのアイテムに番号をふって、リストの中での順番を示している。リストの中身は自由に変えられるよ。

1 たくさんの変数

例えばマルチプレイヤーゲームを作っているとしよう。両チームのプレイヤーの名前を記録しておかなければならないときに、プレイヤーごとに変数を作ると、右のように大変なことになってしまう。

```
>>> ロケット_プレイヤー_1 = 'ローリー'
>>> ロケット_プレイヤー_2 = 'ラヴ'
>>> ロケット_プレイヤー_3 = 'ラケル'
>>> プラネット_プレイヤー_1 = 'ペーター'
>>> プラネット_プレイヤー_2 = 'パブロ'
>>> プラネット_プレイヤー_3 = 'ポリー'
```

1チーム3人だと6つの変数が必要だね

2 変数にリストを代入する

さらに人数が増えて、1チーム6人になったら大弱りだね。それだけたくさんの変数を使いこなすのは大変だから、リストを使った方がいいぞ。リストを作るには、中に入れるデータを角かっこ [ ] で囲むんだ。シェルウィンドウで右のようにリストを作ってみよう。

```
>>> ロケット_プレイヤー = ['ローリー', 'ラヴ',
'ラケル', 'レナータ', 'ライアン', 'ルビー']
>>> プラネット_プレイヤー = ['ペーター', 'パブロ',
'ポリー', 'ペニー', 'ポーラ', 'パトリック']
```

リストの中のアイテムはカンマで区切ろう

このリストは変数**プラネット_プレイヤー**に代入されたね

3 リストのアイテムを取り出す

データをリストに入れてしまえば、あとは楽に使えるよ。リストからアイテムを取り出すには、リストの名前のすぐうしろに角かっこを書き、その中にアイテムの順番を示す数を入れればいい。ただしパイソンではリストのアイテムを数えるとき、最初のアイテムは1番目ではなく0番目になるんだ。さっき作ったチームのリストから、いろいろな名前を取り出してみよう。最初のプレイヤーは0番目、最後のプレイヤーは5番目になるぞ。

この行は最初(0番目)のアイテムを取り出しているね

```
>>> ロケット_プレイヤー[0]
'ローリー'
>>> プラネット_プレイヤー[5]
'パトリック'
```

この行は最後(5番目)のアイテムを取り出しているよ

リスト名とリストの中での順番を指定してエンター(リターン)キーを押せば、アイテムが表示されるぞ

判断する

君は毎日、「次に何をしようかな？」と自分に問いかけて、いろいろな判断をしているはずだ。「雨はふるのかな？」「宿題は終わらせたっけ？」というぐあいだ。コンピューターも自分に質問をしながら判断しているよ。

くらべる質問

コンピューターがしている質問には、あるものを他のものとくらべる質問が多いぞ。例えば、この数はあちらの数より大きいだろうかと問いかけて、答えが「はい」ならコンピューターは決められた命令を実行するんだ。もし「いいえ」ならその命令は実行せずに先に進むよ。

▶真理値

コンピューターが自分に問いかけるのは、True（真：正しい）とFalse（偽：まちがい）の2つの答えしかない質問だよ。このTrueとFalseを真理値と呼び、パイソンでは1文字目のTとFを必ず大文字にする。変数にはこの真理値も入れておけるぞ。真理値のことをブール値、真偽値、論理値と呼ぶこともあるけれど、この本では真理値と呼ぶことにするね。

▼論理演算子

下の表の記号は、何かをくらべるようコンピューターに命令するときに使うものだ。プログラマーは論理演算子と呼んでいるよ。ソースコードでは、「and」や「or」ということばも論理演算子として使うんだ。

記号	意味
==	等しい
!=	等しくない
<	より小さい
>	より大きい

うまくなるヒント
＝（イコール記号）

パイソンではこの記号を1つだけ書く場合と、2つ続けて書く場合がある。1つか2つかで意味がちがうんだ。「＝」を1つ使うのは**年れい＝10**というように変数（**年れい**）に値（**10**）を代入するとき。「＝＝（ダブルイコール）」を使うのは、下のように2つの値をくらべるときだ。

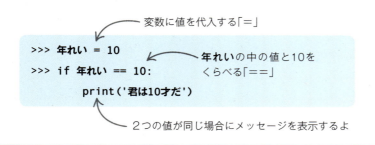

パイナップルとシマウマ

シェルウィンドウで論理演算子を使ってみよう。まずパイナップル5つとシマウマ2頭を用意しよう。変数**パイナップル**と**シマウマ**にそれぞれの数を代入するよ。シェルウィンドウで下のように入力してね。

この変数にパイナップルの個数を代入するよ

こちらの変数にはシマウマの頭数を代入だ

▼▶くらべてみよう

右や下のサンプルのように入力して、2つの変数の値をくらべてみよう。それぞれの行を入力してエンター（リターン）キーを押せば、パイソンがTrue（正しい）かFalse（まちがい）かを教えてくれるぞ。

パイナップルの個数はシマウマの頭数よりも多いね

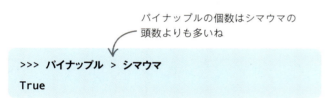

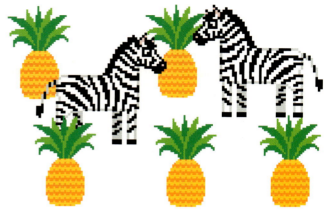

シマウマの頭数はパイナップルの個数よりも少ないね

パイナップルの個数はシマウマの頭数と同じではないぞ

キーワード

論理式

変数、値、論理演算子を使った式の答えは真理値（TrueかFalse）になる。このような式を論理式と呼ぶよ。パイナップルとシマウマについての式は、どれも論理式なんだ。

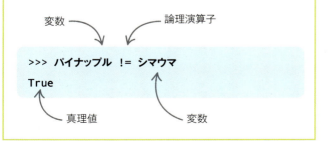

▼複数の論理演算子

andや**or**を使えば、1つの式で複数の論理演算子を使えるぞ。**and**でつなげれば、式のすべての部分がTrueのときだけ式全体もTrueになる。**or**でつなげると、Trueになる部分が1つでもあれば式全体がTrueになる。

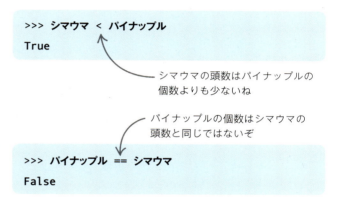

(パイナップル == 3) の部分がFalseなので式全体がFalseになるぞ

(シマウマ == 2)は式の一部でしかないけれどTrueになる。だから式全体がTrueになるんだね

ジェットコースターに乗ろう

テーマパークに遊びに行ったら、8才よりも大きく身長が140センチより高くないとジェットコースターには乗れないと書いてあったよ。10才で身長150センチのミアが乗れるかどうかを判断するプログラムを考えてみよう。シェルウィンドウに下のように入力して、ミアの年れいと身長の値を代入する変数を作るよ。それからジェットコースターに乗れるかを判断する論理式を書いて、エンター（リターン）キーを押してみよう。

```
>>> 年れい = 10
>>> 身長 = 150
>>> (年れい > 8) and (身長 > 140)
True
```

この2行で変数に値を代入しているぞ

これは「8才よりも大きく身長が140センチより高いか」を判断する論理式だ

ミアはジェットコースターに乗れるね

分岐

コンピューターは、プログラムのどの部分を実行すればよいか判断をせまられることがよくある。これは、たいていのプログラムでは、条件によってちがう処理をするよう決めているからなんだ。プログラムのどの部分に進んでいくかというルートは、いくつにも枝分かれ（分岐）している。それぞれのルートは、ちがう結果にたどり着くよ。

■ キーワード
条件

プログラムの中の分岐している部分には、どちらに進めばよいかを判断するための条件が論理式（答えはTrueかFalseになる）で書かれているよ。

▶学校に行くか公園に行くか

「今日は平日？」という質問の答えによって、どの方向に歩いて行くかが決まるとしよう。「はい」なら学校へ向かうルート、「いいえ」なら公園に向かうルートを使うことになるね。同じようにパイソンのプログラムでは、進むルートが変われば、プログラムのちがう部分（ブロックと呼ぶよ）を実行することになる。このように判断の結果で実行されるかどうかが決まるブロックは、スペース4文字分だけ、行が始まる位置を字下げしているぞ（インデントというよ）。コンピューターは「条件」によって、どのブロックに進むかを決めるんだ。

判断する 31

▶1つの条件に合えば実行する

一番かんたんな**if**文を使った命令を書くよ。条件は1つしかなく、Trueなら書かれていることを実行し、そうでなければ何もせず先に進む。右のプログラムでは外が暗いかどうかをたずねているね。もし暗ければ、コンピューターに寝たふりをさせているぞ。暗くない、つまり**暗い=='y'**がFalseなら「おやすみ」のメッセージは表示されないね。このプログラムを試してみるときは、エディタウィンドウで入力しよう。

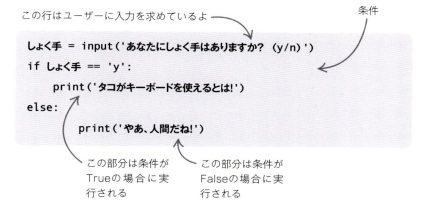

この行で、ユーザーに「y」（yes：イエス）か「n」（no：ノー）を答えてもらうよ

```
暗い = input('外は暗い？ (y/n)')
if 暗い == 'y':
    print('おやすみ！ Zzzzzzzzzzzzzz....')
```

条件がTrueの場合だけ実行される行　　条件　　これがシェルウィンドウに表示されるメッセージだね

▶単一分岐

条件がTrueのときとFalseのときで、別のことをさせたい場合があるね。そのときは**if-else**文という分岐が1つ入った命令を使おう。右のプログラムではユーザーがしょく手を持っているかたずね、答えが「y」（イエス）ならユーザーはタコにちがいないと決めつけるんだ！　もし答えが「n」（ノー）なら人間だと考える。それぞれの場合でちがうメッセージを表示するよ。

この行はユーザーに入力を求めているよ　　条件

```
しょく手 = input('あなたにしょく手はありますか？ (y/n)')
if しょく手 == 'y':
    print('タコがキーボードを使えるとは！')
else:
    print('やあ、人間だね！')
```

この部分は条件がTrueの場合に実行される　　この部分は条件がFalseの場合に実行される

▶多方向分岐

ルートが3つ以上あるときは、**elif**文（else-ifを短く書いたもの）が便利だ。右は、ユーザーに「雨」「雪」「晴れ」の中から天気を予想してもらうプログラムだよ。答えによって3つのルートのどれかが選ばれるね。

```
天気 = input('今日の天気はどうなるでしょう？ (雨/雪/晴れ)')
if 天気 == '雨':
    print('カサを忘れずに！')
elif 天気 == '雪':
    print('毛糸の手ぶくろを忘れずに！')
else:
    print('サングラスを忘れずに！')
```

第1の条件　　第1の条件がTrueのとき実行されるよ
第2の条件　　第2の条件がTrueのとき実行されるよ
第1、2の条件がどちらもFalseのとき実行されるぞ

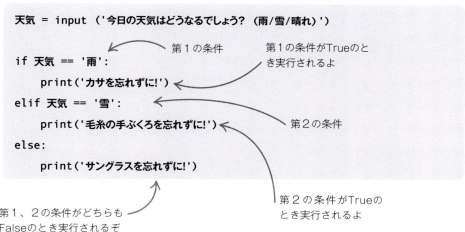

▲しくみ

elif文は**if**の後、そして**else**の前に置かないといけないよ。上のソースコードを見ると、**if**文の条件がFalseになったときだけ**elif**文で答えが「雪」かどうかをチェックしている。**elif**文を増やせば、他の天気の種類にもメッセージを出せるね。

くり返し

単調な作業でも文句を言わずに続けられるのは、コンピューターがすぐれている点だ。プログラマーは、そうした何度もくり返す作業をコンピューターにさせることができる。そんなときに使うのがループだ。ループというのはソースコードの同じブロックをくり返すことで、いろいろなやり方があるよ。

forループ

あるブロックを何回くり返せばいいかわかっているときは、**for**ループを使おう。サンプルでは、エマが自分の部屋のドアにはるはり紙を作ろうとしている。「エマ'sルームー立入禁止！！！」と10回表示するプログラムだ。下にソースコードがあるから、シェルウィンドウで試してみよう。ソースコードを打ってエンター（リターン）キーを押すと、いらないインデント（字下げ）が入ってしまうことがある。そのときはバックスペース（BackSpace）キーでインデントを消してから、もう一度エンターキーを押そう。

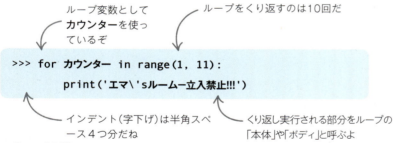

▼ループ変数

パイソンでは、ループ変数で実行する回数をコントロールしている。ソースコードに**range(1, 11)**と書かれているね。これは（1, 2, 3, …10）と10個の数字からなるリストを作っているんだ。最後の値が11の1つ前の10だという点に注意してね。そしてループ変数にリストの1つ目の値を代入してループを実行する。次に2つ目の値を代入してループを実行し…というようにリストの最後の値を使うまでループをくり返すよ。

1回目のループ	2回目のループ	3回目のループ

ループ変数＝1	ループ変数＝2	ループ変数＝3

> **うまくなるヒント**
>
> ### range
>
> パイソンでは「range」ということばのあとに、2つの数字をかっこでくくって続けると、「最初の数から、次の数の1つ前までのすべての数」という意味になる。だから**range(1, 4)**は1, 2, 3で4は入らない。左上のプログラムの場合は**range(1, 11)**なので1, 2, 3, 4, 5, 6, 7, 8, 9, 10ということになるね。

くり返し 33

うまくなるヒント
エスケープ文字

エマ\'sルームの「\」（バックスラッシュ）は、日本語版Windowsでは「¥」のキーと記号で代用できるよ。「\（¥）」はパイソンに、うしろに続く「'」は文字列をはさんでいるクォーテーションではなく、アポストロフィーだと教えているんだ。このような使われ方をする記号をエスケープ文字と呼ぶよ。（Mac OSの場合はOptionキー＋¥キーでバックスラッシュが入力できる）

whileループ

ソースコードの特定の部分をくり返すのだけれど、何回なのかがわからない。そんなときはどうしようか？ 未来がわかる水晶玉（すいしょう）が必要かな？ パイソンならwhileループを使えば解決だ。

▶ループ条件

whileループでは、ループ変数を用意してrange()で値の範囲（はんい）を決める必要はない。そのかわりループ条件を決めておくんだ。この条件はTrueかFalseになる論理式で書く。美術館の入口でチケットを持っているかチェックされるようなものだ。チケットを持っている（True）なら中に入れるけれど、持っていない（False）なら入れないよ。プログラムでは、ループ条件がTrueでないとループに入れないんだ。

▼カバの頭数をチェック

「組体操をするカバ」で有名なサーカス団は、カバでピラミッドを作るんだ。今、何頭のカバがいるかは下のプログラムで計算しているよ。ソースコードを読んで何をしているか考えてみよう。

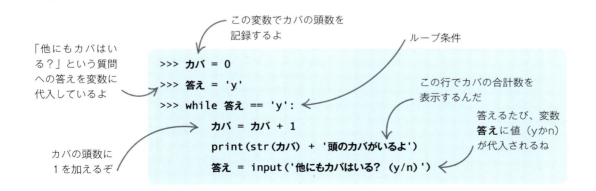

▶しくみ

このプログラムのループ条件は、**答え=='y'**だったね。これは、ユーザーがカバの合計数を増やしたがっているということだ。ループの本体ではカバの頭数を1増やしてから、他にもカバがいるかたずねている。その答えが「y」(yesの頭文字)ならループ条件がTrueになるので、またループをくり返す。もし「n」(noの頭文字)ならループ条件がFalseになるので、プログラムはループからぬけ出すんだ。

無限ループ

プログラムが動いている間、ずっとwhileループをくり返したい場合もあるね。このようにずっと動かすループを無限ループと呼ぶよ。ゲームには、メインループという名前で無限ループを使っているものが多いんだ。

値がFalse(ループをぬけるのに必要な条件)になることは絶対にないぞ

```
>>> while True:
        print('これは無限ループです')
```

▲無限にくり返す

ループ条件がとる値を常にTrueにしておけば無限にループさせられる。値が変わらないので、ループからぬけ出すことはないね。シェルウィンドウでこのwhileループを試してみよう。ループ条件がFalseにならないから、プログラムを強制終了させるまで、「これは無限ループです」と表示し続けるよ。

 うまくなるヒント

ループを止める

無限ループにしたくないときは、whileループの本体でループ条件がFalseになるよう、よく考えてソースコードを書かなければならない。でも心配はいらないぞ。まちがえて無限ループを動かしてしまったときは、キーボードでCtrl(コントロール)キーを押したままCのキーを押せばいい。ループをぬけ出すまで、何度かこのCtrl+Cキーを押す必要があるかもしれないよ。

▼無限ループをぬけ出す

ユーザーに何か入力してもらうため、わざと無限ループを使うこともできる。下のプログラムは、ユーザーがうんざりしているかを聞いてくる。「n」を押している間は、ずっと質問をくり返す。そして「y」を押すと、ユーザーの悪口を言ってからbreakの命令でループをぬけ出すんだ。

ユーザーがまだうんざりしていない(「n」が押されている)とループ条件はTrueのままだ

```
>>> while True:
        答え = input('うんざりしていますか?(y/n)')
        if 答え == 'y':
            print('なんて失礼なんでしょう!')
            break
```

「y」が押されてループ条件がFalseになるとbreakの命令が使われる

入れ子（ネスト）構造のループ

ループ本体の中にさらにループを入れることをネストと呼ぶんだ。ロシアにマトリョーシカという人形がある。大きな人形の中に小さな人形が入っていて、その小さな人形の中にさらに小さな人形が…という「入れ子式」になっている。これと同じように、ループの中で別のループが動くぞ。

うまくなるヒント
ループ本体のインデント

ループの本体を書くときは、4文字インデント（字下げ）するようにしよう。字下げしないと、パイソンはエラーメッセージを表示してプログラムは動かないよ。他のループの中に入っているループは、すぐ外側のループより4文字だけ字下げするというルールがあるんだ。ソースコードを打っているとパイソンが自動的に字下げしてくれることがあるけれど、正しい数のスペースが入っているかチェックするようにしよう。

フーレイカウンターは外側のループのループ変数

▶ループの中のループ

右のサンプルは、ヒップ・ヒップ・フーレイ（Hip, Hip, Hooray!）という、英語を話す人がよく使うかけ声を表示するようにしたものだ。「ヒップ」が2回出てくるので、ループをネストさせているね。

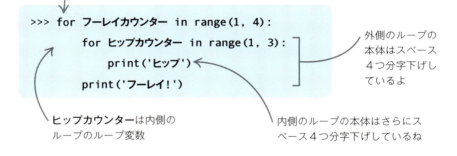

ヒップカウンターは内側のループのループ変数

外側のループの本体はスペース4つ分字下げしているよ

内側のループの本体はさらにスペース4つ分字下げしているね

◀しくみ

内側の**for**ループ全体が、外側の**for**ループ本体に入っているよ。プログラムでは、外側のループを1回実行する間に、内側のループを2回実行しなければならない。つまり、外側のループの本体は合計3回くり返され、内側のループの本体は合計6回くり返されるんだ。

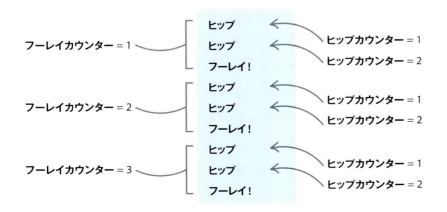

動物クイズ

君はクイズが好きかな？ だったら自分で作ってみよう。このプロジェクトでは、動物をテーマにしたクイズのプログラムを作るよ。ちょっと手を加えれば、動物だけでなく他のテーマのクイズも出せるようになるよ。

どのように動くのか

このプログラムはプレイヤーに、動物についての質問をいくつかするんだ。1つの質問に3回まで答えられる。でもクイズがむずかしくなりすぎないよう注意しよう。正解すると1ポイント入り、クイズが終わるときに合計得点が表示されるよ。

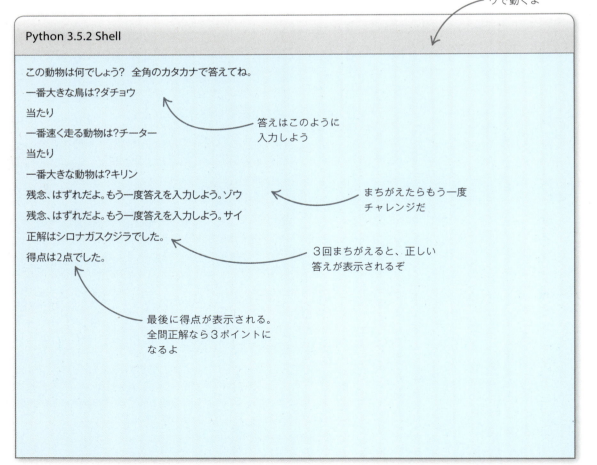

ゲームをプレイするとこんな感じになる。シェルウィンドウで動くよ

しくみ

このプロジェクトでは関数を使うよ。関数は特別な働きをするように書かれたソースコードで、呼び出して使うための名前もついている。長いソースコードを何度も書かなくても、関数の名前を書くだけですむぞ。パイソンには最初から関数がいくつも用意されているけれど、自分で新しい関数も作れるんだ。

▶関数を呼び出す

関数を使いたいときは、ソースコードの中にその関数の名前を書いて「呼び出せ」ばいい。動物クイズでは、プレイヤーの解答と正解をくらべる関数を作ることになるよ。そして質問を出すごとにその関数を呼び出すんだ。

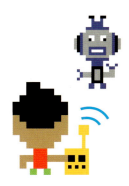

▼動物クイズのフローチャート

プログラムは、まだ出していない質問があるか、そしてプレイヤーが解答した回数は決められた数（3回）になったかをチェックし続ける。ゲームの間、得点は変数に記録される。プレイヤーがすべての質問に答えたらゲームは終わりだ。

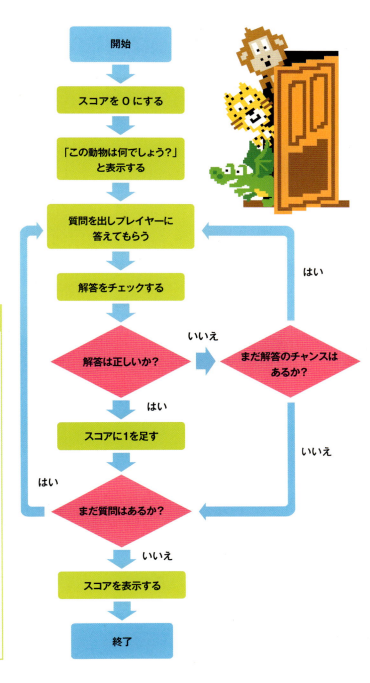

🔑 キーワード

こういう場合はどうするの？

日本語なら漢字、ひらがな、カタカナがあって、英語なら大文字と小文字がある。キーボードでは全角と半角のちがいもあるね。解答するときはどのような文字を使うか、プレイヤーに教えておこう。この動物クイズでは、英語の大文字と小文字のちがいは無視するようになっているけれど、いつでもそれでいいわけではないよ。パスワードをチェックするプログラムなら、大文字と小文字ははっきり区別した方がいい。そうしないと、パスワードがわり出されやすくなってしまうぞ。

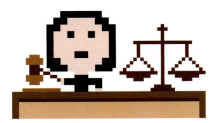

ソースコードを書く

それでは動物クイズを作っていこう。まず質問を考えて、チェックのしくみを作るよ。それができたら、質問ごとにプレイヤーが3回まで答えられるよう、ソースコードを変えたり書き加えていくんだ。

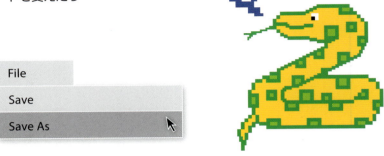

1 新しいファイルを作る
IDLEを起動して、Fileメニューから「New File」を選ぶ。ファイル名を「動物クイズ.py」にしてセーブしよう。

2 得点用の変数を作る
エディタウィンドウに右のように入力して**スコア**という変数を作るよ。最初は0を代入しておこう。

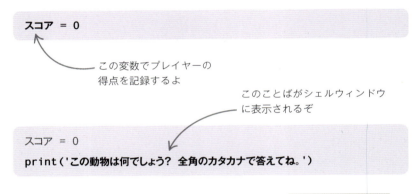

3 初期表示
プレイヤーにゲームを紹介するメッセージを作ろう。プレイヤーが最初に目にする表示だね。

4 プログラムを動かしてみる
それでは、プログラムを動かしてみよう。RunメニューからRun Moduleを選ぶよ。何が起きただろう？ シェルウィンドウにメッセージが正しく表示されたかな。

5 質問をする（プレイヤーに入力してもらう）
次の行でプレイヤーに質問をして、解答が入力されるのを待つよ。プレイヤーの入力結果は**解答1**という変数に代入する。プログラムを実行して、質問が表示されるか試してみよう。

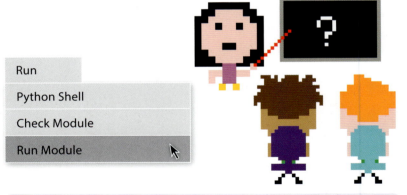

6 チェック用の関数を作る

今度はプレイヤーの解答が正しいかチェックしなければならないね。エディタウィンドウの1行目（**スコア=0**の前）に、右のようなソースコードを打ちこもう。このソースコードは、プレイヤーの解答が正解と合っているかを確かめる**解答チェック()**という関数を作るためのものだ。かっこの中の2つのことばは「引数」とか「パラメーター」と呼ばれ、関数が働くのに必要な情報だ。関数を呼び出すときは、この引数に値を入れておこう。

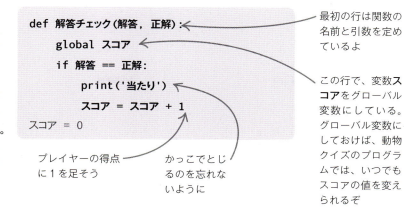

最初の行は関数の名前と引数を定めているよ

この行で、変数**スコア**をグローバル変数にしている。グローバル変数にしておけば、動物クイズのプログラムでは、いつでもスコアの値を変えられるぞ

プレイヤーの得点に1を足そう

かっこでとじるのを忘れないように

7 関数を呼び出す

解答チェック()の関数を呼び出す行を、ソースコードの最後に加えてみよう。この行では、第1引数としてプレイヤーの解答、第2引数として「ダチョウ」ということばを使うよう指示しているね。

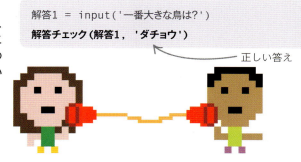

正しい答え

8 試しに動かしてみる

もう一度プログラムを動かして、「ダチョウ」と正しい解答を入力してみよう。シェルウィンドウには右のように表示されるはずだ。

```
この動物は何でしょう？ 全角のカタカナで答えてね。
一番大きな鳥は？ダチョウ
当たり
```

9 質問を増やす

動物クイズのプログラムを作るには、質問が1つだけでは足りないよ。質問をあと2つ増やそう。これまで作ってきたプログラムと同じように、プレイヤーが入力した解答を関数でチェックするよ。プレイヤーの解答は変数**解答2**と**解答3**に記録しよう。

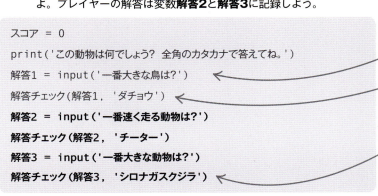

最初の質問

解答1をチェックするようパイソンに指示している

解答3をチェックするようパイソンに指示している

もうちょっと足そう

10 得点を表示する

次に、クイズが終わったときにプレイヤーの得点を表示するための行を入れるよ。質問の行のうしろ、つまりソースコードの最後に書き足そう。

```
解答3 = input('一番大きな動物は?')
解答チェック(解答3，'シロナガスクジラ')

print('得点は' + str(スコア) + '点でした。')
```

プレイヤーに得点を知らせるメッセージを作り、それを表示するよ

▲しくみ

ここでは文字列に得点の数字を入れるため、**str()** という関数を使わなければならない。もしこの関数を使わないと、文字列と整数の足し算になってしまい、パイソンはエラーメッセージをシェルウィンドウに表示するよ。

11 英語の大文字と小文字

今は日本語で解答するプログラムを作っているけれど、質問や解答に英語を使う場合はちょっとした工夫が必要だ。例えばライオン（lion）と英語で入力するとき、プレイヤーは「Lion」にするかもしれないし「lion」にするかもしれない。どちらも正解にしたいね。パイソンには **lower()** という関数があって、文字列の中のアルファベットをすべて小文字にしてくれる。**if 解答 == 正解:** を右のように書きかえればいい。

```
def 解答チェック(解答，正解):
    global スコア
    if 解答.lower() == 正解.lower():
        print('当たり')
        スコア = スコア + 1
```

この行を変えているぞ

▲しくみ

上のサンプルの太字部分では、**解答** と **正解** の文字列の中のアルファベットをすべて小文字にしてからくらべているよ。文字列の中のアルファベットが全部大文字でも、全部小文字でも、そして両方がまじっていてもこれで平気だね。

12 実験してみる

エディタウィンドウではなくシェルウィンドウで、下のように入力してみよう。大文字と小文字がまざっていても、アルファベットはすべて小文字になっていることがわかるね。

```
>>> テスト文字列 = 'AbcチェックaBc'
>>> print(テスト文字列.lower())
abcチェックabc
>>> テスト文字列 = 'AbcチェックaBc'
>>> print(テスト文字列.lower())
abcチェックabc
```

全角大文字は全角小文字になっているよ

動物クイズ　41

13 プレイヤーのチャンスを増やそう

今のままでは、プレイヤーはそれぞれの質問に1回しか答えられないね。プレイヤーが解答できるチャンスを3回に増やして、クイズを少しやさしくしよう。**解答チェック()**の関数を下のように変えるんだ。

セーブを
わすれないように

```
def 解答チェック(解答, 正解):
    global スコア
    解答中 = True
    回数 = 0
    while 解答中 and 回数 < 3:
        if 解答.lower() == 正解.lower():
            print('当たり')
            スコア = スコア + 1
            解答中 = False
        else:
            if 回数 < 2:
                解答 = input('残念、はずれだよ。もう一度答えを入力しよう。')
            回数 = 回数 + 1
    if 回数 == 3:
        print('正解は' + 正解 + 'でした。')

スコア = 0
```

- この変数はTrueかFalseのどちらかの値しかとらないよ
- **while**ループは解答のチェックが3回終わるか、プレイヤーが正解を出すまで動き続けるぞ
- それぞれの行ごとに字下げを正しく行おう
- プレイヤーがまちがえたときは、この**else**に続く部分で、もう一度解答を入力してもらうんだ
- プレイヤーが答えた回数を記録している変数に1を加えるよ
- 3回まちがえると、この行で正解を表示するぞ

▲しくみ

プレイヤーが正しく答えられたかチェックするために、**解答中**という変数を作っているね。この変数にTrueが代入されていると、まだ正解が出ていないことになる。関数**解答チェック()**の最初の部分では、まだ正解していないからTrueを入れているよ。プレイヤーが正解すると、この変数にFalseが入るんだ。

改造してみよう

動物クイズのプログラムにいろいろ手を加えてみよう。質問の数を増やしたり、むずかしくしたり、質問の形式を変えることもできるし、動物ではなく他のテーマのクイズにもできるよ。改造したものを保存（セーブ）するときはファイルの名前を変えて、オリジナルのファイルに上書きしないよう注意しよう。

◀質問を増やす

質問の数を増やしてみよう。例えば「鼻が長い動物は何？」（答え：ゾウ）とか「空を飛ぶほ乳類は？」（答え：コウモリ）という質問はどうかな？　もっとむずかしくしたいなら、「タコの心臓はいくつある？」（答え：3つ）という質問はどうだろう。

行が長くなるときは「\」（または「¥」）を使えば、改行して続きを書けるぞ

```
解答 ＝ input('魚はどれでしょう？ \
A）クジラ　B）イルカ　C）サメ　D）イカ　A～Dの中から選んでください。')
解答チェック（解答，'C'）
```

◀答えを選ぶ質問

左のソースコードは選択式の質問の例だよ。プレイヤーにいくつかの選択肢の中から1つを選んでもらうんだ。

覚えておこう

行を変える

\n（¥n）を入れると、その部分で改行して表示してくれる。選択式の質問なら、問いと選択肢が別の行に表示された方がわかりやすいね。ソースコードを右のようにすれば、魚の質問は右下のように見やすく表示されるぞ。

```
解答 ＝ input('魚はどれでしょう？ \n \
A）クジラ\n B）イルカ\n C）サメ\n D）イカ\n \
A～Dの中から選んでください。')
解答チェック（解答，'C'）
```

```
魚はどれでしょう？
    A）クジラ
    B）イルカ
    C）サメ
    D）イカ
A～Dの中から選んでください。
```

シェルウィンドウには、このように表示されるよ

動物クイズ 43

```
while 解答中 and 回数 < 3:
    if 解答.lower() == 正解.lower():
        print('当たり')
        スコア = スコア + 3 - 回数
        解答中 = False
    else:
        if 回数 < 2:
```

スコア+1を このように変えてね

◀少ない回数なら得点を高くする

プレイヤーが少ない回数で正解したら得点を多くあげよう。1回で正解なら3点、2回なら2点、3回目に正解なら1点にするよ。ソースコードで得点を加算している部分を変えて、「3点−(はずれた回数)」の得点が加わるようにする。もしプレイヤーが1回目で当てたなら、3−0で得点には3点が加わるね。2回目なら1回まちがえているから3−1、3回目なら3−2というぐあいだ。

▶○×クイズ

右のように書くと○×クイズになるよ。解答はホントかウソの2つしかないぞ。

```
解答 = input('ネズミはほ乳類である。ホントかウソか?')
解答チェック(解答, 'ホント')
```

▶質問のレベルを変える

クイズをもっとむずかしくするには、プレイヤーが解答するチャンスを減らしてしまおう。○×クイズなら解答は1回だけ、選択式なら2回までにするのがいいかもしれないね。その場合、ソースコードのどこの数字をいじればいいかわかるかな？ 右のサンプルの太字の部分を見てみよう。

```
def 解答チェック(解答, 正解):
    global スコア
    解答中 = True
    回数 = 0
    while 解答中 and 回数 < 3:
        if 解答.lower() == 正解.lower():
            print('当たり')
            スコア = スコア + 1
            解答中 = False
        else:
            if 回数 < 2:
                解答 = input('残念、はずれだよ。もう一度答えを入力しよう。')
            回数 = 回数 + 1
    if 回数 == 3:
        print('正解は' + 正解 + 'でした。')
```

この数を変える

この数を変える

この数を変える

思っていたよりやっかいだぞ…

▶テーマを変える

雑学、スポーツ、映画、音楽など、ちがうテーマのクイズも作ってみよう。家族や友だちについての質問もいいね。「ナンシーが好きなたべものは？」「ジャックがとくいなスポーツは？」といった質問はどうかな。

関数

ソースコードを書くのは大変だ。どうやったら楽になるだろう？　よく使われる方法の1つが、特定の働きをするソースコードのまとまりに名前をつけて、くり返し使うというやり方だ。何行ものソースコードをいちいち書くのはめんどうだから、名前を呼ぶだけで使えるようにしているんだ。この名前のついた1つのまとまりを関数と呼ぶよ。

関数の使い方

関数を使うことを「関数を呼び出す」ともいう。呼び出すにはまず関数につけた名前を書き、それに続けて、関数で使いたい引数を入れたかっこを書けばいい。引数は、その関数だけで使える変数のようなものだ。引数を利用すれば、メインのプログラムと関数の間でデータの受け渡しができるんだ。もし関数を呼び出すときに引数がいらないなら、空のかっこを書くことになるよ。

キーワード

関数で使うことば

関数について話すときに、プログラマーが使う特別なことばがあるよ。いくつか紹介しよう。

呼び出す
関数を使うこと。

定義する
defというキーワードを使って関数のソースコードを書くことを、関数を「定義」するという。変数に最初に値を代入するときも、変数を「定義」していることになるね。

引数（パラメーター）
関数が使う情報だ。呼び出すときに関数に渡すよ。

戻り値（返り値）
関数を呼び出したメインのプログラムに、処理を終えた関数から戻される値のことだ。パイソンではreturnというキーワードを使って受け渡しするよ。

ビルトイン関数

パイソンには、プログラムに組み入れて使えるビルトイン関数がいくつも用意されているよ。情報の入力やメッセージの画面表示を行う関数もあれば、データのタイプを変える関数もある。print()やinput()はもう使ったね。右のサンプルを見て、シェルウィンドウで試してみよう。

この関数はユーザーに名前を入力してもらっているね

```
>>> 名前 = input('お名前は？')
お名前は？サラ
>>> あいさつ = 'こんにちは、' + 名前
>>> print(あいさつ)
こんにちは、サラ
```

この関数は変数あいさつの中身を画面に表示しているよ

▲input()とprint()
上のサンプルで使っている関数はちょうど正反対の働きをしているぞ。input()関数はユーザーに入力してもらい、その指示や入力データを受け取っている。print()関数はメッセージや計算結果を画面に表示（出力）して、ユーザーに知らせているんだ。

関数　45

▶max()

max()関数は引数の中で最も大きな数を選ぶんだ。結果を見るにはエンター（リターン）キーを押せばいい。この関数には引数をいくつも渡せるけれど、カンマで区切っておかなければいけないよ。

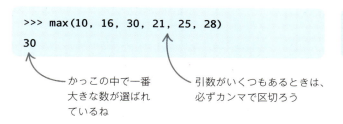

かっこの中で一番大きな数が選ばれているね

引数がいくつもあるときは、必ずカンマで区切ろう

▶min()

min()関数はmax()関数とちょうど反対の働きをする。かっこに入れた数の中で一番小さなものを選ぶよ。max()関数とmin()関数を使って、いろいろと実験してみよう。

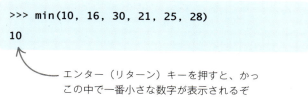

エンター（リターン）キーを押すと、かっこの中で一番小さな数字が表示されるぞ

関数を呼び出す別の方法

これまで整数、文字列、リストというように、いろいろなタイプのデータが出てきたね。実はそれぞれのデータタイプで使える、特別な関数も用意されているんだ。そのような関数を使うときは、ちょっとちがう呼び出し方をするよ。データか変数の名前を書いたあとにドットを打ち、それから関数の名前、かっこ（必要なら引数を入れる）をつなげて書こう。いくつか例をあげたので、シェルウィンドウで実験だ。

ドットを忘れないで！

かっこの中が空なのは引数がいらないからだよ

```
>>> 'bang'.upper()
'BANG'
```

新しい文字列はすべて大文字だ

▲upper()

upper()関数は、与えられた文字列の中のアルファベットを、すべて大文字にして返してくるよ。

この関数には引数が2つ必要だ

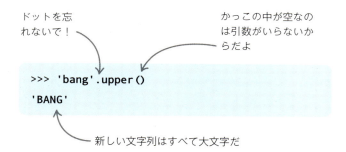

表示された文字列では楽しいが(^o^)に置きかえられているね

▲replace()

文字列の中の特定のことばを別のことばに置きかえて出力する関数だ。最初の引数で「どのことばを」、2番目の引数で「何に置きかえるか」を指示している。この関数は元の文字列は変えず、出力する文字列を一時的に変えているだけだよ。

変数にリストを代入しているよ

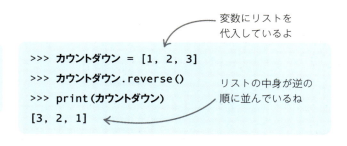

リストの中身が逆の順に並んでいるね

▲reverse()

リストの中のアイテムを、逆の順番に並べ直したいときに使える関数だ。上の例では、リストカウントダウンの中の数を逆の順にしているよ。[1, 2, 3]が[3, 2, 1]と表示されているね。

関数を作る

よい関数は、はっきりとした目的のために作られているものだ。そして何をする関数なのかすぐにわかる名前がついているよ。動物クイズで使った**解答チェック()**は、そんな関数の1つだね。ここからは、入力した日数は何秒になるかを計算する関数を作って（定義して）いこう。

defというキーワードで、このブロックが関数だとパイソンに教えているよ

名前を決めている行の次から、4文字ずつ字下げをして、それぞれの行が関数の一部だとわかるようにしている

この行は関数の一部ではなく、関数を呼び出している行だ

1 関数を定義する

IDLEで新しいファイルを作るよ。ファイルには「関数.py」という名前をつけてセーブしよう。エディタウィンドウで下のように入力するけれど、2行目からの字下げがきちんと行われるか気をつけてね。入力したらファイルを保存して、プログラムを実行してみよう。

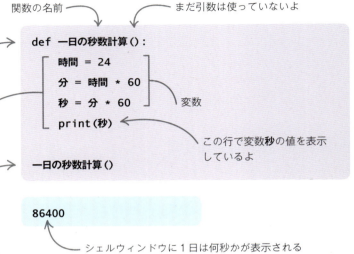

関数の名前　　　　　まだ引数は使っていないよ

```
def 一日の秒数計算():
    時間 = 24
    分 = 時間 * 60
    秒 = 分 * 60
    print(秒)

一日の秒数計算()
```

変数

この行で変数秒の値を表示しているよ

```
86400
```

シェルウィンドウに1日は何秒かが表示される

2 引数を使うようにする

関数に何かのデータを渡して処理させたい場合は、かっこの中に引数を書いて、その引数に値を代入するよ。**一日の秒数計算()**の関数を改造して、指定した日数が何秒になるかを計算できるようにしてみよう。**日数**という引数を加えて、下のようにソースコードを変えるぞ。関数を呼び出す行で、引数をいろいろと変えて試してみよう。

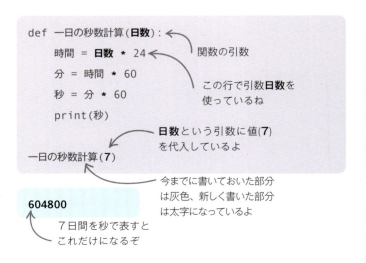

```
def 一日の秒数計算(日数):
    時間 = 日数 * 24
    分 = 時間 * 60
    秒 = 分 * 60
    print(秒)

一日の秒数計算(7)
```

関数の引数

この行で引数**日数**を使っているね

日数という引数に値(**7**)を代入しているよ

今までに書いておいた部分は灰色、新しく書いた部分は太字になっているよ

```
604800
```

7日間を秒で表すとこれだけになるぞ

関数

うまくなるヒント

重要な注意点

メインのソースコードで使う前に、関数の定義を終えてしまおう。ファイルの最初の部分には、重要な命令を書くことが多い。そのすぐあとで関数を定義すれば、ソースコードが書きやすくなるよ。まだ定義していない関数を呼び出そうとするようなミスを防げるぞ。

関数　47

3 戻り値

便利な関数ができたら、その関数で計算や処理をした結果を、プログラムの他の部分で利用したいよね。関数で処理した結果を、「戻り値」として受け取ることができるんだ。関数**一日の秒数計算()** を右のように変えて、戻り値を返すようにしてみよう。新しくなった関数には、ふさわしい名前をつけるぞ。でも、まだ実行してはいけないよ。

```
def 日数を秒数にする(日数):
    時間 = 日数 * 24
    分 = 時間 * 60
    秒 = 分 * 60
    return 秒
```

← 関数の新しい名前

キーワード**return**は、変数**秒**の値をメインのプログラムに渡してくれる

関数の名前と働きが変わったので、これまで関数を呼び出していた行は削除してしまおう

4 戻り値を利用する

関数の戻り値を変数に入れておいてあとで利用することもできるよ。右のように関数の下に3行追加してみよう。この新しい行では戻り値をとっておいて、何ミリ秒（1秒のさらに千分の1）になるかを計算しているよ。引数の**日数**の値を変えて試してみよう。

```
def 日数を秒数にする(日数):
    時間 = 日数 * 24
    分 = 時間 * 60
    秒 = 分 * 60
    return 秒

合計秒数 = 日数を秒数にする(7)
ミリ秒 = 合計秒数 * 1000
print(ミリ秒)
```

関数を呼び出して引数**日数**に値(7)を渡しているよ

戻り値は変数**合計秒数**に代入されるぞ

この行は変数**ミリ秒**の値を表示する

```
604800000
```

7日間は何ミリ秒かを計算するとこうなるぞ！

秒単位の戻り値はミリ秒単位に変えられて変数**ミリ秒**に代入される

うまくなるヒント

関数に名前をつける

このページのステップ3で関数の名前を**一日の秒数計算()** から**日数を秒数にする()** に変えたね。変数の場合と同じように関数の名前も、どのような働きなのかわかるようにしておこう。名前を工夫するとソースコードがとても理解しやすくなるよ。関数の名前には変数と同じように文字とアンダースコアを使えるけれど、最初の1文字目は数字ではない文字を使おう。もしいくつかのことばをつなげて関数名にするときは、アンダースコアで区切る方法もあるよ。（例：秒数_一日）

デバッグ（バグとり）

プログラムがうまく動かないとき、パイソンはエラーメッセージを表示して手助けをしてくれるよ。最初のうちは、エラーメッセージで何を伝えようとしているのか理解できないかもしれない。でもエラーメッセージは、プログラムがうまく動かない理由と直し方を知るためのヒントなんだ。

エラーメッセージ

IDLEのエディタウィンドウもシェルウィンドウも、まちがいを見つけたらエラーメッセージを表示する。エラーメッセージは、エラーのタイプと、ソースコードのどこを見ればいいかを教えてくれるよ。

▼シェルウィンドウのメッセージ

シェルウィンドウにエラーメッセージが表示されるときは赤い字になっている。エラーメッセージが表示されたときは、プログラムは処理を中止しているよ。エラーメッセージには、ソースコードの何行目でエラーが起こったかが示されているぞ。

▼エディタウィンドウのメッセージ

ポップアップウィンドウで、エラーがあることを教えてくれるよ。「OK」のボタンをクリックしてソースコードを見てみよう。まちがえたところかその近くが赤くなっているはずだ。

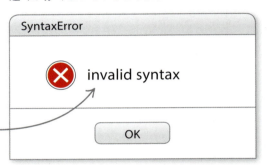

このようなメッセージが出たときは文法エラーだ。打ちまちがいがないかチェックしよう

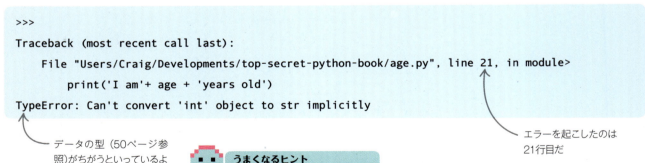

```
>>>
Traceback (most recent call last):
    File "Users/Craig/Developments/top-secret-python-book/age.py", line 21, in module>
        print('I am'+ age + 'years old')
TypeError: Can't convert 'int' object to str implicitly
```

データの型（50ページ参照）がちがうといっているよ

エラーを起こしたのは21行目だ

バグを見つけたわ！

■ うまくなるヒント

バグを見つける

シェルウィンドウのエラーメッセージで行番号が指定されているときは、その上でマウスを右クリックし、ドロップダウンメニューからGo to file/lineを選ぼう。するとIDLEのエディタウィンドウが前に出てきて、エラーを出した行が表示される。すぐにデバッグにとりかかれるね。

文法エラー

syntaxということばがエラーメッセージに入っていると文法エラーだ。ソースコードの打ちまちがいがないかチェックしてみよう。指がすべって別のキーを押してないかな？ 文法エラーは最も直しやすいエラーだから心配しなくていいよ。ソースコードをていねいに見直して、何がいけなかったかを調べよう。

▶何を調べればいいの？

かっこやクォーテーションを書き忘れていないかな？ 2つ1組で使うのに、片方しか書いていないというミスもよくあるぞ。誤字脱字はないだろうか？ このようなミスは文法エラーを起こしてしまうぞ。

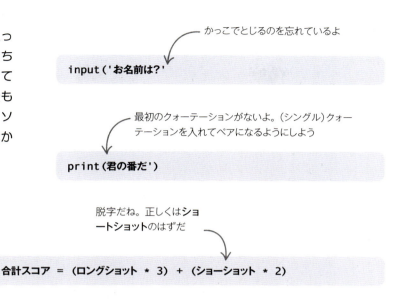

インデント（字下げ）のエラー

パイソンでは、ソースコードの中のブロック（1つのまとまり）がどこで始まりどこで終わるのかを示すため、字下げをしているんだ。字下げのエラーが起こるのは、ソースコードの書き方に何か問題があったということだね。ある行がコロン（:）で終わるときは、次の行は字下げをしなければならないぞ。キーボードを打って字下げするときは、行の頭でスペースキーを4回押そう。

▼新しいブロックは字下げする

パイソンのソースコードでは、ブロックの中にさらに別のブロックを入れることがよくあるね。例えば、関数の中にループを入れるような場合だ。このとき、同じブロックの行はすべて同じだけ字下げしなければならない。コロンを打った次の行では、パイソンが自動的に字下げしてくれるけれど、やはりチェックは必要だ。ブロックごとに正しく字下げしているか調べよう。

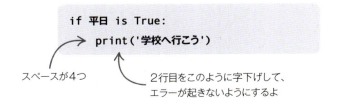

型エラー

TypeErrorと表示されるよ。タイプといっても、キーボードを打ちまちがえるタイプミスとはちがうぞ。ソースコードで、データの型（タイプ）──例えば計算に使う数とメッセージ用の文字列──をうっかり混ぜて使ってしまうことだ。冷蔵庫でパンを焼こうとするようなものだね。冷蔵庫はパンを焼くための機械ではないから、うまくいくはずがないぞ。

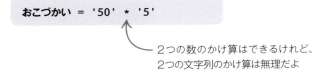

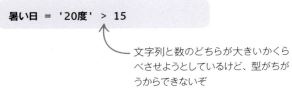

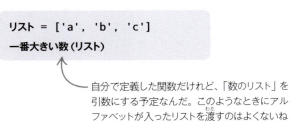

◀型エラーの例

型エラーは、文字列同士をかけ算したり、まったく型のちがうデータをくらべたり、アルファベットしか入っていないリストから数字を見つけさせたり、パイソンに無茶な指示をしたときに起きるよ。

名前エラー

NameErrorと表示されるよ。名前エラーのメッセージは、まだ作られていない変数や関数を使おうとしたときに表示されるんだ。このエラーを防ぐには、変数や関数を使う前に、それらを定義しておくようにしなければならない。関数の場合は、ソースコードの最初の部分で定義するのを習慣にしておくといいね。

▶名前エラーの例

右のサンプルでは、「私は大阪に住んでいます」と表示させようとしているよ。この場合、変数**自分の街**をまず作ってから**print()**関数を使わないとエラーになるぞ。

print()関数は変数を作ったあとで使おう

デバッグ（バグとり）

論理エラー

パイソンがエラーメッセージを返してこないのに、プログラムが思ったように動かないことがある。このようなときは、何か論理的なまちがいをしているのかもしれない。そのようなエラーを論理エラーと呼ぶよ。キーボードの打ちまちがいはなかったけど、大事な行を書き忘れていたり、命令の順番をまちがえて正しく動かないようになっているのかもしれないね。

```
print('なんということだ！　君はライフを1つ失ってしまった')
print(残りライフ)
残りライフ ＝ 残りライフ － 1
```

1行ごとに見ていくとまちがいはないけれど、行の順番がおかしいね

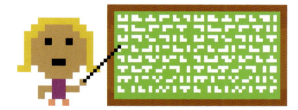

◀ バグを見つけられるかな？

この部分よりも前で変数**残りライフ**を決めておけば、エラーは表示されない。でも論理エラーがあるんだ。変数**残りライフ**の値が減らされる前に、**残りライフ**の値が表示されてしまっているぞ。ゲームのプレイヤーはまちがったライフを見せられているんだ！このバグを直すには、**print（残りライフ）**を最後に移動させよう。

◀ 1行ごとにチェック

論理エラーを見つけるのはとてもむずかしいよ。でも経験をつむとバグをさがして直すのが得意になるぞ。ソースコードを1行1行じっくりと読んで、論理エラーをさがしていこう。がまん強く時間をかけて探すんだ。そうすれば最後には問題点を発見できるよ。

🔧 うまくなるヒント

デバッグのチェックリスト

バグのせいでもうプログラムを動かすことはできない…そう考えてしまうことがあるかもしれない。でもあきらめてはだめだ！ここに書いたヒントを利用すれば、たいていのバグは直せるぞ。

チェックしてみよう！

- この本のプロジェクトに取り組んでいる場合、まず本に書かれているとおりに正しくソースコードを書いているかチェックする。
- 誤字脱字はないか？
- 行の先頭に必要のないスペースを入れていないか？
- 「0」（数字のゼロ）と「O」（アルファベットのオー）など、にた文字をまちがえていないか？
- アルファベットの大文字と小文字をまちがえていないか？
- 「かっこ」と「かっことじ」が ()、[]、{}というようにきちんと組になっているか？
- クォーテーションにはシングル(' ')とダブル(" ")がある。それぞれ正しい組になっているか？
- ソースコードを書きかえてから、セーブをしているか？
- だれかにたのんで本のとおりにソースコードが書かれているかチェックしてもらおう！

パスワード生成機

パスワードを使うと、他の人が自分のコンピューターにアクセスしたり、メールをだれかに見られたり、ウェブサイトに勝手にログインされてくわしい情報を知られたりするのを防げるね。このプロジェクトでは他の人にわり出されにくく、それでいて覚えやすいパスワードを生成するツールを作るよ。個人情報はしっかり守ろう。

▶パスワードを決めるときのヒント

よいパスワードは、ユーザーには覚えやすく、他の人には予想しにくいものだ

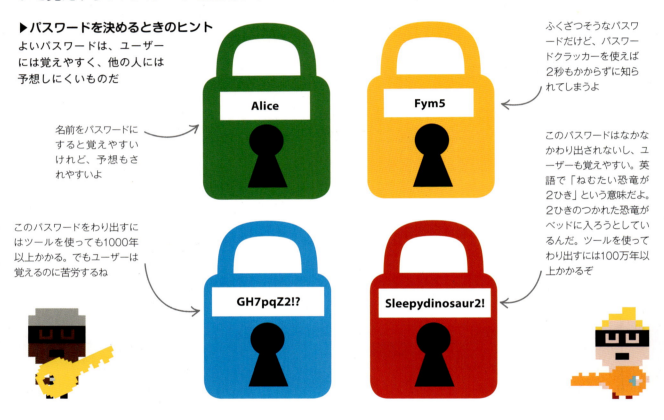

名前をパスワードにすると覚えやすいけれど、予想もされやすいよ

ふくざつそうなパスワードだけど、パスワードクラッカーを使えば2秒もかからずに知られてしまうよ

このパスワードをわり出すにはツールを使っても1000年以上かかる。でもユーザーは覚えるのに苦労するね

このパスワードはなかなかわり出されないし、ユーザーも覚えやすい。英語で「ねむたい恐竜が2ひき」という意味だよ。2ひきのつかれた恐竜がベッドに入ろうとしているんだ。ツールを使ってわり出すには100万年以上かかるぞ

どのように動くのか

パスワード生成機を使えば、アルファベット、数字、記号を組み合わせた、わり出されにくいパスワードを作れるよ。実行するたびに新しいパスワードを画面に表示するんだ。気に入ったパスワードができるまで、何度もくり返せばいいぞ。

キーワード
パスワードクラッカー

ハッカーがパスワードをわり出すために使っているソフトウェアが、パスワードクラッカーだよ。1秒間に数百万のパスワードを試せるものもある。たいていは、よく知られている単語や名前から先に試している。いくつかのことばや記号をつなげて、ふだんは使わないことばを作れば、わり出されにくいパスワードになるぞ。

パスワード生成機

▼パスワード生成機のフローチャート

このプログラムは、パスワードの4つの部分のことばをランダムに選び、それらをくっつけてからシェルウィンドウに表示するよ。他のパスワードを見たければ、この処理をもう一度くり返させる。表示されたパスワードでよければ、そこでプログラムは終了だ。

```
開始
 ↓
形容詞をランダムに選ぶ
 ↓
名詞をランダムに選ぶ
 ↓
0から100の間の数をランダムに選ぶ
 ↓
記号をランダムに選ぶ
 ↓
わり出されにくいパスワードを生成する
 ↓
作ったパスワードを画面に表示する
 ↓
他のパスワードが見たいか？ — はい → 開始
  ↓ いいえ
終了
```

しくみ

このプロジェクトではパイソンの**random**モジュールの使い方を学ぶよ。プログラムはこのモジュールを使って、形容詞、名詞、数字、記号をランダムに選び、それらをつないでパスワードにするんだ。「happyapple17$」だとか「drydesk75?」みたいな奇妙で忘れにくいパスワードができるぞ。

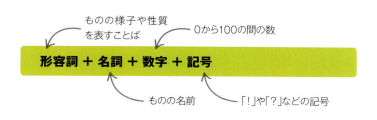

形容詞 ＋ 名詞 ＋ 数字 ＋ 記号

- ものの様子や性質を表すことば
- 0から100の間の数
- ものの名前
- 「！」や「？」などの記号

ふくざつだけどシンプル！

プログラムはふくざつな動きをするけど、ソースコードはそれほど多くないぞ。だから時間をかけなくてもプログラミングできるんだ。

ふくざつに見えるけどかんたんだよ！

1. 新しいファイルを作る

IDLEを起動しよう。FileメニューからNew Fileを選んで「パスワード生成機.py」という名前でセーブだ。

2. モジュールを追加する

パイソンのライブラリから**string**と**random**というモジュールを組み入れる。ファイルの先頭で右のように2行書けば、2つのモジュールを使えるようになるよ。

randomモジュールはリストから何かを選ぶときに役立つ

```
import random
import string
```

stringモジュールは文字列を切り分けたり、文字列の表現の仕方を変えるときに役立つよ

3. 最初のメッセージ

まず、プログラム起動時にユーザーに最初に見せるメッセージを作ろう。

この行がユーザーへのメッセージを表示する

```
import random
import string
print('これからパスワードを生成します。')
```

4 試しに動かしてみる

試しにプログラムを動かしてみよう。ユーザー向けのメッセージがシェルウィンドウに表示されるはずだ。

これからパスワードを生成します。

5 形容詞リストを作る

パスワードを生成するためには、形容詞と名詞のリストが必要だ。パイソンでは、関係のあるアイテムをまとめて入れておくのにリストを使えるよ。まず変数**形容詞リスト**を作って、その中にリストを入れよう。右のソースコードの**import**文と**print()**関数の間で、形容詞のリストを作っているよ。リスト全体は角かっこ[ ]で囲み、中のアイテムはカンマで区切ろう。

リストは変数**形容詞リスト**の中に代入するよ

リストのアイテムは文字列だ

アイテムを書いたらカンマで区切っていこう

```
import string

形容詞リスト = ['strong', 'happy', 'dry',
          'wet', 'hungry', 'red',
          'orange', 'yellow', 'green',
          'blue', 'gray', 'big',
          'white', 'kind', 'busy']

print('これからパスワードを生成します。')
```

リスト全体は角かっこの中にいれるよ

6 名詞リストを作る

次に名詞のリストを入れておくための変数を作ろう。形容詞のリストを作っている部分のあと、**print()**関数の前に入力するよ。前のステップ5番と同じように、カンマと角かっこを忘れないようにしよう。

```
          'white', 'kind', 'busy']

名詞リスト = ['apple', 'tiger', 'ball',
        'desk', 'goat', 'dragon',
        'piano', 'duck', 'panda']

print('これからパスワードを生成します。')
```

カンマと角かっこを使う

うまくなるヒント

乱数

サイコロをふる、何枚ものカードから1枚を選ぶ、コイントスで決める。こうしたことは、乱数を利用すればできるぞ。パイソンのrandomモジュールについては、HelpメニューのPython Docsに説明が書かれているけれど英語版しかないんだ。

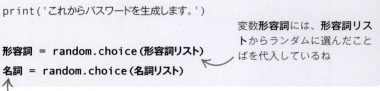

7 ことばを選ぶ

パスワードを生成するには、形容詞と名詞からランダムにことばを選ばなければならないね。**random**モジュールの**choice()**関数を使おう。**print()**関数のあとに、下のように書きこむよ。**choice()**関数は、リストからアイテムをランダムに選ぶときに使える。リストが入った変数を引数として渡してやればいいんだ。

```
print('これからパスワードを生成します。')

形容詞 = random.choice(形容詞リスト)
名詞 = random.choice(名詞リスト)
```

変数**形容詞**には、**形容詞リスト**からランダムに選んだことばを代入しているね

名詞リストからランダムにことばを1つ選び、変数**名詞**に代入するよ

パスワード生成機　55

8　数を選ぶ

次に**random**モジュールの中の**randrange()**関数を使い、0から100の間の数をランダムに1つ決めるよ。ソースコードの最後に下のソースコード書き足そう。

```
名詞 = random.choice(名詞リスト)
数 = random.randrange(0, 100)
```

9　記号を選ぶ

random.choice()関数をもう一度使って、記号をランダムに選ぼう。記号を加えることで、パスワードはわり出されにくくなるんだ。

```
数 = random.randrange(0, 100)
記号 = random.choice(string.punctuation)
```

この部分は「定数」というよ

うまくなるヒント

定数

パイソンでは、中身を変えられない特別な変数を「定数」と呼んでいる。**string.punctuation**という定数には、ピリオドやカンマなどの記号が入っているんだ。中身を見たいときは、シェルウィンドウで**import string**と入力したあと、**print(string.punctuation)**と打ちこめばいい。

```
>>> import string
>>> print(string.punctuation)
!"#$%&'()*+,-./:;<=>?@[\]^_`{|}~
```

定数の中に入っている記号

10　新しいパスワードを生成する

これまで選んできたことばをつないで、わり出されにくいパスワードを生成しよう。ソースコードの最後に、右のように2行を書き足すよ。

わり出されにくいパスワードが変数の中に入れられる

ランダムに選んだ数を文字列に変えているね

```
パスワード = 形容詞 + 名詞 + str(数) + 記号
print('新しいパスワードは: %s' % パスワード)
```

でき上がったパスワードをシェルウィンドウに表示するよ

うまくなるヒント

文字列と整数

str()関数は、引数の数字（整数）をすべて文字列に変えられるんだ。この関数を使わずに、文字列に数をつなげようとするとエラーになってしまう。試しに**print('ルート' + 66)**とシェルウィンドウで入力してみよう。

```
>>> print('ルート' + 66)
Traceback (most recent call last):
  File "<pyshell#0>", line 1, in <module>
    print('ルート' + 66)
TypeError: must be str, not int
```

エラーメッセージ

このようなエラーを出さないよう、まず**str()**関数で数を文字列に変えているんだ。

```
>>> print('ルート' + str(66))
ルート66
```

数を**str()**関数のかっこの中に書き入れている

11 プログラムをテストする

ここでプログラムのテストをしてみよう。シェルウィンドウで何が起きるかな？ エラーが発生しても心配はいらないよ。ソースコードをよく見直して、どこでまちがえたかを調べよう。

```
これからパスワードを生成します。
新しいパスワードは：  bluegoat92=
```

パスワードはランダムに生成されるので、この部分はちがっているはずだ

セーブをわすれないように

12 他のパスワードは？

whileループを使えば、ユーザーが他のパスワードがいいと言った場合でも対応できるよ。下のようにソースコードに書き加えよう。ユーザーに新しいパスワードを表示するかたずね、その答えは変数**回答**に入れるよ。

```
print('これからパスワードを生成します。')

while True:
    形容詞 = random.choice(形容詞リスト)
    名詞 = random.choice(名詞リスト)
    数 = random.randrange(0, 100)
    記号 = random.choice(string.punctuation)

    パスワード = 形容詞 + 名詞 + str(数) + 記号
    print('新しいパスワードは: %s' % パスワード + ' です。')

    回答 = input('他のパスワードにしたいですか？　yかnで答えてください。:')
    if 回答 == 'n':
        break
```

whileループはここから始まるぞ

whileループの中に入っていることを示すため、今までに書いたこの部分は字下げしなければならないよ

whileループはここで終わり

input()関数を使い、ユーザーにシェルウィンドウで回答してもらおう

回答がy（イエス）ならループは最初に戻り、n（ノー）ならループからぬけ出るぞ

13 お気に入りのパスワード

さあ、これで完成だ。わり出されにくく、楽に覚えられるパスワードを生成できるよ。

```
これからパスワードを生成します。
新しいパスワードは：  yellowapple42}
他のパスワードにしたいですか？　yかnで答えてください。:y
新しいパスワードは：  greenpanda13*
他のパスワードにしたいですか？　yかnで答えてください。:n
```

新しいパスワードを生成したいときはここでyキーを押す

プログラムを終わらせたいときはここでnキーを押す

改造してみよう

それではプログラムを改造してみよう。ここで紹介している方法だけでなく、自分のアイデアを加えるのもいいね。もっとわり出されにくいパスワードを生成できるかな？

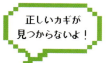

▶ことばを増やす

生成できるパスワードの数を増やすため、名詞と形容詞のリストにことばを追加してみよう。パスワードが覚えやすくなるなら、いつもは使わないことばを入れてみてもいいね。

```
名詞リスト = ['apple', 'tiger', 'ball',
        'desk', 'goat', 'dragon',
        'piano', 'duck', 'panda',
        'telephone', 'banana', 'teacher']
```

```
while True:

    for 回数 in range(3):
        形容詞 = random.choice(形容詞リスト)
        名詞 = random.choice(名詞リスト)
        数 = random.randrange(0, 100)
        記号 = random.choice(string.punctuation)

        パスワード = 形容詞 + 名詞 + str(数) + 記号
        print('新しいパスワードは: %s' % パスワード)

    回答 = input('他のパスワードにしたいですか？ yかnで答えてください。:')
```

forループが3回実行されてパスワードが3つ生成されるぞ

これらの行は字下げしてね

▲一度にいくつも生成する

一度に3つのパスワードを生成して表示するよう、プログラムを書きかえてみるよ。**for**ループを**while**ループの中に入れるんだ。

▶パスワードを長くする

組み入れることばを増やしてパスワードを長くしよう。さらにわり出されにくくなるぞ。それぞれのリストのことばを増やすだけでなく、例えば色のリストを別に作ってしまい、形容詞、色、名詞、数字、記号の5つを組み合わせよう。

色をランダムに選ぶぞ

モジュール

モジュールは、特定の働きをするソースコードをまとめたもので、いろいろなプログラムで共通して使われるものが選ばれている。プログラミングでは、特に大事な部分に集中して取り組み、それ以外はできるだけモジュールを利用することもできるよ。モジュールは多くの人が使うため、とても便利で、バグもほとんどないんだ。

ビルトインモジュール

パイソンには便利なモジュールがそろっている。標準ライブラリというんだ。おもしろいモジュールを標準ライブラリからいくつか紹介しよう。きっと実験してみたくなるはずだ。

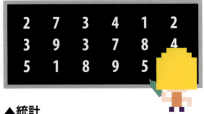

▲統計
statisticsモジュールなら、データの平均の値や、リストの中で一番多い数などがかんたんにわかる。ゲームの平均スコアを計算するときに便利だね。

▶日付と時間
datetimeモジュールを使えば、今日の日付がすぐにわかるし、特別な日まであと何日かもすぐにわかるぞ。

▶ランダム
randomモジュールは、パスワード生成機でことばを選ぶときに使ったね。ゲームやプログラムに偶然性（ランダムさ）を加えるときに使えるぞ。

▶ウェブブラウザ
webbrowserモジュールで、ウェブブラウザをコントロールできる。プログラムから、ウェブの特定のページを開かせることもできるんだ。

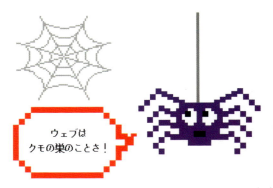

▶ソケット
socketモジュールはネットワークを利用して通信をするためのものだよ。オンラインゲームを作るときに利用できるね。

モジュールの使い方

モジュールを利用するには、パイソンにモジュールを使うことを伝えなければならないぞ。import文で、どのモジュールを使うか知らせよう。モジュールの全部を使うのか一部を使うかで、書き方にちがいがあるんだ。

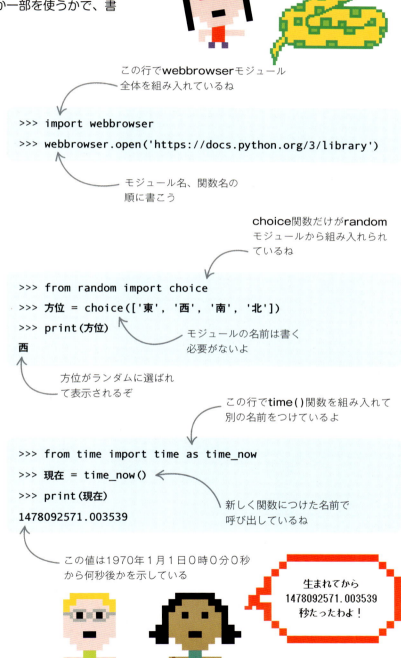

この行でwebbrowserモジュール全体を組み入れているね

```
>>> import webbrowser
>>> webbrowser.open('https://docs.python.org/3/library')
```

モジュール名、関数名の順に書こう

▶ import...

importというキーワードのすぐあとにモジュール名を書くだけで、そのモジュール内のすべての関数やデータ型などが使えるようになる。ただし関数を呼び出すときは、関数の名前の前にモジュールの名前を書かないといけない。右のサンプルでは、**webbrowser**モジュール全体を使えるようにしてから、その中の**open()**関数を利用している。ウェブブラウザを使って、指定されたページを開くよ。

choice関数だけがrandomモジュールから組み入れられているね

```
>>> from random import choice
>>> 方位 = choice(['東', '西', '南', '北'])
>>> print(方位)
西
```

モジュールの名前は書く必要がないよ

方位がランダムに選ばれて表示されるぞ

▶ from... import...

モジュールの一部しか使わないなら、fromというキーワードを加えることで、モジュールを部分的に組み入れられる。使うときは、関数名だけを書けばいい。右のサンプルでは**random**モジュールの関数**choice()**を組み入れているよ。この関数は、リスト内のアイテムをランダムに選んでくれるんだ。

この行でtime()関数を組み入れて別の名前をつけているよ

```
>>> from time import time as time_now
>>> 現在 = time_now()
>>> print(現在)
1478092571.003539
```

新しく関数につけた名前で呼び出しているね

▶ from... import... as...

組み入れたモジュールや関数を別の名前で使いたいときもあるよ。たいていは、その名前をソースコードの別のところですでに使ってしまっている場合や、使っていないとは言い切れないときだ。そのようなときはasというキーワードを書き、そのあとに新しい名前を書けばいい。右のサンプルでは、現在の時刻を示す**time()**関数の名前を**time_now()**に変えている。この関数は、1970年1月1日0時0分0秒から今まで何秒すぎたかを計算してくれる。

この値は1970年1月1日0時0分0秒から何秒後かを示している

生まれてから1478092571.003539秒たったわよ！

文字当てゲーム

このプロジェクトでは文字当てクイズを作ろう。まちがえるとプレイヤーのライフが1つ減ってしまう。ライフは9つしかないぞ。すべてのライフを失ったらゲームオーバーだ。

どのように動くのか

このプログラムはまず秘密のことばを決めて、その文字をクエスチョンマークに置きかえて表示するよ。プレイヤーが1つの文字を当てたら、マークを正解の文字に変えて表示するんだ。秘密のことばがわかったら、1文字ではなく、ことば全体を一度に入力しよう。秘密のことばを当てるか、ライフがなくなったらゲームは終わりだ。

ヒントでは、クエスチョンマーク1つが1文字になっているぞ

プレイヤーの残りライフはハートで表示されるよ

```
['?', '?', '?', '?', '?']
残りライフ：　　　❤❤❤❤❤❤❤❤❤
秘密のことばを当ててください（全角ひらがな）：き
['?', '?', '?', '?', 'き']
残りライフ：　　　❤❤❤❤❤❤❤❤❤
秘密のことばを当ててください（全角ひらがな）：ん
['?', 'ん', '?', '?', 'き']
残りライフ：　　　❤❤❤❤❤❤❤❤❤
秘密のことばを当ててください（全角ひらがな）：か
はずれ。ライフが1つなくなります。
['?', 'ん', '?', '?', 'き']
残りライフ：　　　❤❤❤❤❤❤❤❤
秘密のことばを当ててください（全角ひらがな）：せ
['せ', 'ん', '?', '?', 'き']
残りライフ：　　　❤❤❤❤❤❤❤❤
秘密のことばを当ててください（全角ひらがな）：ぶ
はずれ。ライフが1つなくなります。
['せ', 'ん', '?', '?', 'き']
残りライフ：　　　❤❤❤❤❤❤❤
秘密のことばを当ててください（全角ひらがな）：せんたくき
大当たり！　秘密のことばは　せんたくき　でした。
```

秘密のことばにふくまれる文字が正しく入力されると、クエスチョンマークに代わってその文字が表示される。同じ文字がいくつかあれば、それらが一度に全部表示されるよ

まちがうたびにハートが1つずつ消えるよ

秘密のことばがわかったら入力しよう。これでプレイヤーの勝ちだ

文字当てゲーム **61**

しくみ

まずリストを2つ作るよ。1つには5文字のことばをいくつか入れておき、もう1つのヒント用リストにはクエスチョンマークを5つセットする。それから**random**モジュールを使い、最初のリストから秘密のことばをランダムに選ぶよ。このあとはループに入るんだ。プレイヤーの入力が当たっているかチェックし、当たっていればヒント用リストを書きかえ、秘密のことばを少しずつ表示していくぞ。

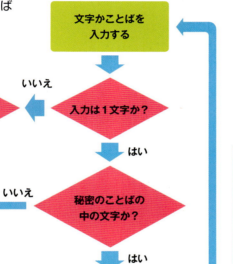

◀文字当てゲームのフローチャート

このフローチャートはふくざつそうに見えるけれど、ソースコードは短めなんだ。プログラムの本体（ボディ）は、プレイヤーが入力した文字が秘密のことばにふくまれるか、そしてまだライフが残っているかをチェックするループだ。

うまくなるヒント

ユニコード文字

コンピューターの画面に表示できるアルファベット、数字、句読点、記号などは、まとめて文字と呼ぶよ。現在のコンピューターは、世界のほとんどの言語の文字に加えて、絵文字のような特殊記号もあつかえる。一そろいの文字を文字セットや文字集合といい、英語用のアスキー（ASCII）が有名だ。このプロジェクトで使うハートマークは、ユニコード（Unicode）という文字セットに入っている。ユニコードには他にもいろいろな記号があり、下のような小さなイラストもあるんだ。

プログラミングを始めよう

文字当てゲームは2段階で作っていくよ。まずプログラムに必要なモジュールを組み入れてから、変数をいくつか作っておく。そして次の段階で、プログラムの本体にとりかかるんだ。

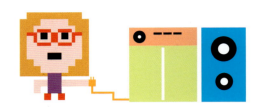

1 新しいファイルを作る
IDLEを起動して新しいファイルを作り、「文字当てゲーム.py」という名前でセーブしよう。

2 モジュールを組み入れる
このプロジェクトではパイソンの**random**モジュールを使う。1行目に下のように入力して組み入れるよ。

```
import random
```

3 変数を作る
import文を書いたら、次に**残りライフ**という変数を作るよ。プレイヤーの残りライフ（あと何回入力できるか）を記録する変数だ。

```
import random

残りライフ = 9
```
← プレイヤーはライフを9つ持ってゲームを始める

4 リストの作成
プログラムは君がセットしておいたことばしか知らないぞ。ことばをセットしたリストを、変数**ワードリスト**に入れておかなければならない。変数**残りライフ**を作った次の行に、右のように書きこもう。

```
残りライフ = 9
ワードリスト = ['じゃがいも', 'ひやしんす', 'はみがきこ', 'せんたくき',
            'きたきつね', 'ぐらいだー']
```
← リストの中のアイテムは全角5文字の文字列で、使うのはひらがなにしておこう

5 秘密のことばを選ぶ
ゲームが始まると、プログラムは秘密のことばを選んで変数**シークレットワード**に代入する。プレイヤーはこの変数の中のことばを当てるんだ。右のように書いて、新しい変数**シークレットワード**を作ろう。

```
ワードリスト = ['じゃがいも', 'ひやしんす', 'はみがきこ', 'せんたくき',
            'きたきつね', 'ぐらいだー']
シークレットワード = random.choice(ワードリスト)
```
← **random**モジュールの**choice()**関数を使っているね

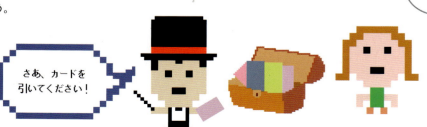

6 ヒントを記録する

今度はヒントを入れておくリストを作ろう。まだ当てられていない文字はクエスチョンマークでリストに入れられるよ。そしてプレイヤーが文字を当てると、クエスチョンマークがその文字に置きかえられるんだ。ゲームが始まったときには、ヒントリストの中はクエスチョンマークだけだ。秘密のことばは全角5文字だから、全角のクエスチョンマークを使って**ヒントリスト=list[' ? ',' ? ',' ? ',' ? ',' ? ']**と書くこともできる。でも下のようなかんたんな書き方もある。変数**シークレットワード**を作った行の次に書きこもう。

```
シークレットワード = random.choice(ワードリスト)
ヒントリスト = list('?????')
```

クエスチョンマークが5つ入ったリストが変数**ヒントリスト**に代入される

手がかりはすべてこの中さ

7 残りライフを示す記号

このプロジェクトではユニコードのハートマークを使う。ソースコードを楽に読み書きできるよう、記号「♥」を新しい変数に代入しよう。これで、ソースコードで「ハートマーク」と書けば、ユニコードの記号（♥）を指すことになるぞ。

```
ヒントリスト = list('?????')
ハートマーク = u'\u2764'
```

8 文字当ての結果

文字が当たったかどうかの結果を入れておく変数を作るぞ。最初、この変数には**False**がセットされている。ゲーム開始時には、プレイヤーはまだ1つも文字を当てていないからだね。♥の呼び方を決めた次の行に書きこもう。

```
ハートマーク = u'\u2764'
入力_正解 = False
```

真理値（TrueかFalse）だね

うまくなるヒント

ことばの長さ

秘密のことばは、必ず全角5文字にしよう。**ヒントリスト**には5文字しか入らないよ。もし**シークレットワード**に6文字以上のことばが入っていると、6文字目からは、**ヒントリスト**の「♥」を書きかえようとするとエラーメッセージが表示されるぞ。

```
Index error: list assignment index
out of range
```

また4文字以下のことばが**シークレットワード**に入っていると、プログラムは動くけれど、いくつかのクエスチョンマークが残ったままになる。プログラムは、**シークレットワード**には5文字が入っていると思いこんでいる。だから「おもち」ということばを使うと、下のような表示になるんだ。

['?', '?', '?', '?', '?']
残りライフ:♥♥♥♥♥♥♥♥
秘密のことばを当ててください(全角ひらがな):お
['お', '?', '?', '?', '?']
残りライフ:♥♥♥♥♥♥♥♥
秘密のことばを当ててください(全角ひらがな):も
['お', 'も', '?', '?', '?']
残りライフ:♥♥♥♥♥♥♥♥
秘密のことばを当ててください(全角ひらがな):ち
['お', 'も', 'ち', '?', '?']
残りライフ:♥♥♥♥♥♥♥♥
秘密のことばを当ててください(全角ひらがな):

最後の2つのクエスチョンマークは、何かの文字の代わりに表示されているわけではない。だから決して消えないんだ

これではプレイヤーは決して勝てないよ。どのような文字を入力しても、最後の2つのクエスチョンマークは消えないからね。

64 最初のステップ

プログラムの本体

プログラムの本体は、プレイヤーが入力した文字が秘密のことばにふくまれるか、入力されたことばが秘密のことばと同じかをチェックするループだ。ヒントを書きかえる関数も定義するぞ。まずこの関数を作ってからループにとりかかろう。

9 **文字は秘密のことばにふくまれるか**

プレイヤーが入力した文字が秘密のことばにふくまれるなら、ヒントを書きかえなければならない。そのために**ヒント書きかえ( )**という関数を作って使おう。この関数は、入力された文字、秘密のことば、ヒントの3つの引数を使う。変数**入力_正解**を作った行のあとに、下のように書き加えよう。

▶しくみ

この関数には**while**ループが入っていて、変数**シークレットワード**の中の秘密のことばを1文字ずつ見ていくんだ。そして入力された文字が秘密のことばの文字と同じかどうかチェックするよ。変数**番号**は、何文字目を見ているかを記録するけれど、1文字目は0番になる点に注意しよう。

文字が同じなら、その文字でヒントリストのクエスチョンマークを書きかえる。変数**番号**を使って、リスト内の正しい位置を選ぶよ

```
入力_正解 = False


def ヒント書きかえ (入力文字 , シークレットワード , ヒントリスト):
    番号 = 0
    while 番号 < len(シークレットワード):
        if 入力文字 == シークレットワード[番号]:
            ヒントリスト[番号] = 入力文字
        番号 = 番号 + 1
```

len( )関数を呼び出すと何文字あるかを答えてくれる。この場合は5だね

変数**番号**に1を足す

10 **文字(ことば)を当ててもらう**

このプログラムは、プレイヤーが正解にたどり着くかライフがなくなるまで、文字(ことば)を入力するよう指示を出し続けることになる。この部分を実行するのがメインのループだ。**ヒント書きかえ( )**関数を定義したあとに、右のようにソースコードを書いていこう。

この2行でヒントと残りライフを表示するよ

入力した文字がシークレットワードにふくまれるなら、ヒントリストを書きかえだ

入力した文字がまちがいなら(else)、ライフを1つ減らそう

```
        番号 = 番号 + 1


while 残りライフ > 0:
    print(ヒントリスト)
    print('残りライフ:' + ハートマーク * 残りライフ)
    入力文字 = input('秘密のことばを当ててください(全角ひらがな):')

    if 入力文字 == シークレットワード:
        入力_正解 = True
        break

    if 入力文字 in シークレットワード:
        ヒント書きかえ(入力文字 , シークレットワード , ヒントリスト)
    else:
        print('はずれ。ライフが1つなくなります。')
        残りライフ = 残りライフ - 1
```

ライフが残っている間はループが実行され続ける

この行で、プレイヤーに文字(ことば)を入力してもらっているよ

入力したことばが当たっているなら**break**でループからぬけ出そう

文字列のくり返し

print('残りライフ:' + ハートマーク * 残りライフ) の部分は、クールなテクニックを使って残りライフを画面表示しているよ。「*」記号と数字を使って、同じ文字列を決めた回数だけくり返させることができるんだ。例えば右のように**print(ハートマーク * 10)** とシェルウィンドウで入力すれば、「♥」が10個表示されるぞ。さあ、試してみよう。

```
>>> ハートマーク = u'\u2764'
>>> print(ハートマーク * 10)
♥♥♥♥♥♥♥♥♥♥
```

11 勝ったかな？

本体のメインループからぬけ出したら、プレイヤーが勝ったかどうかをチェックしなければならないよ。**入力_正解**が**True**ならプレイヤーのライフがなくなる前にループから出たということだ。プレイヤーの勝ちだね。そうでないなら**(else)**、プレイヤーの負けだ。ソースコードの最後に下のように書き加えよう。

```
        残りライフ = 残りライフ - 1
if 入力_正解:
    print('大当たり！ 秘密のことばは ' + シークレットワード + ' でした。')
else:
    print('残念！ 秘密のことばは ' + シークレットワード + ' でした。')
```

変数**入力_正解**には真理値が入っている。だから「if 入力_正解 == True:」をこのように短く書けるよ

セーブをわすれないように

12 プログラムをテストする

ちゃんと動くか試してみよう。もし問題があれば、ソースコードをよく見てバグをさがそう。うまく動いたら、友だちをよんでゲームに挑戦してもらおう！

```
['?', '?', '?', '?', '?']
残りライフ: ♥♥♥♥♥♥♥♥♥♥
秘密のことばを当ててください (全角ひらがな):
```

ゲームは始まっている。文字かことばを入力してエンター（リターン）キーを押すだけだ！

さあ、テストランにいきましょう！

改造してみよう

このゲームを改造する方法はいろいろあるぞ。ことばを増やしてもいいし、ことばの長さを変えてゲームをむずかしく（やさしく）することもできる。

▼ ことばを増やす
ワードリストのことばを増やしてみよう。いくらでも増やせるけれど、必ず全角5文字のことばを選ぼう。

```
ワードリスト = ['じゃがいも','ひやしんす','はみがきこ','せんたくき','きたきつね','ぐらいだー','れんとげん','あるまじろ','いなびかり']
```

▼ ライフの数を変える
ライフの数を増やしたり減らしたりすることで、ゲームをかんたんにもできるし、むずかしくもできる。ステップ3で作った変数に、ちがう数を入れればいい。

◀ ことばを長くしてみる
5文字のことばではやさしすぎると思うなら、もう少し長いことばにしよう。ただし、全部のことばの字数が同じでなければならないよ。ものすごくむずかしくしたいなら、辞書で長いことばや、ふだんはあまり使わないことばをさがしてみよう。

むずかしさを調整する

ゲームをもっとおもしろくするため、開始時にプレイヤーがむずかしさを選べるようにしよう。やさしいレベルを選べばプレイヤーのライフが増えるぞ。

 レベルを選ぶ
プログラム本体の最初に下のソースコードを加えよう。**while**ループのすぐ前だ。「\n」または「¥n」を使おう。

```
ゲームレベル = input('レベルを選んでください(1，2，3を入力):\n 1 イージー\n 2 ノーマル\n 3 ハード\n')
ゲームレベル = int(ゲームレベル)
```
← 変数ゲームレベルの中に入っている数字は、文字列としてあつかわれている。だからこの行で整数に変えるんだ

```
while 残りライフ > 0:
```

2 試しに動かしてみる

書き加えた部分がきちんと動くか、実験してみるぞ。右のようなメッセージが表示されるはずだ。

```
レベルを選んでください(1，2，3を入力):
 1  イージー
 2  ノーマル
 3  ハード
```

3 レベルごとの設定

ここで**if**、**elif**、**else**文を使って、レベルごとにライフを設定していくよ。イージーのライフは12、ノーマルは9、ハードなら6だ。レベルごとの数が気に入らないなら変えてもいいけれど、ゲームをプレイしてみてから決めた方がいい。プレイヤーにレベルをたずねている行のあとに、下のようにライフを設定する文を追加しよう。

```
ゲームレベル = input('レベルを選んでください(1，2，3を入力):\n 1 イージー\n 2 ノーマル\n 3 ハード\n')
ゲームレベル = int(ゲームレベル)

if ゲームレベル == 1:
    残りライフ = 12
elif ゲームレベル == 2:
    残りライフ = 9
else:
    残りライフ = 6
```

いろいろな長さのことば

いろいろな長さのことばを使いたい場合はどうしたらいいだろう？ プログラムが動くまで秘密のことばの長さがわからないから、ヒントリストの長さを事前に決めておけないぞ。でも、この問題をうまく解決できる方法があるんだ。

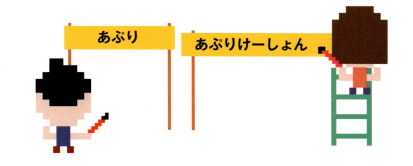

1 空のリストを使う

ヒントを入れるリストを作るときに、中にクエスチョンマークを入れるのをやめよう。リストを空のままにしておくんだ。ヒントリストを作る行を右のように変えるよ。

```
ヒントリスト = []
```

角かっこの中には何も入れない

68　最初のステップ

2　新しいループを加える

小さなループを新しく作って、シークレットワードの中のことばの文字数とヒントの長さを同じにしよう。ことばの中に文字がいくつあるかを数えて、同じ個数のクエスチョンマークを**ヒントリスト**に入れるんだ。

```
ヒントリスト = []
番号 = 0
while 番号 < len(シークレットワード):
    ヒントリスト.append('?')
    番号 = 番号 + 1
```

append()関数は、リストの終わりにアイテムを追加するだけのシンプルな関数だ

エンディングに手を加える

今のままでは、文字が全部わかっていても、最後に秘密のことばを入力しないとゲームが終わらないぞ。ソースコードに手を加えて、文字が全部わかったとき（ヒントリストからクエスチョンマークがなくなったとき）にゲームが終わるようにしよう。

1　変数をもう1つ作る

最初にすることは、まだわかっていない文字数を記録する変数を作ることだ。**ヒント書きかえ()**関数を定義している行の前に、右のように書き入れよう。

最初はどの文字もわかっていないよ

```
不明字数 = len(シークレットワード)
```

ほら、「い」は
当たりだったよ！

_　い　い　_　か　_

2　関数を改造する

次に**ヒント書きかえ()**関数を下のように改造しよう。プレイヤーが入力した文字が秘密のことばにふくまれていた場合、ふくまれている文字の個数だけ変数**不明字数**の値を減らすんだ。

```
def ヒント書きかえ(入力文字, シークレットワード, ヒントリスト, 不明字数):
    番号 = 0
    while 番号 < len(シークレットワード):
        if 入力文字 == シークレットワード[番号]:
            ヒントリスト[番号] = 入力文字
            不明字数 = 不明字数 - 1
        番号 = 番号 + 1

    return 不明字数
```

ヒント書きかえ()関数に新しい引数を追加しよう

シークレットワードを1文字ずつチェックして、入力された文字が現れるたびに変数**不明字数**から1を引く

関数はまだわかっていない文字数（**不明字数**）を返すよ

文字当てゲーム **69**

◀**しくみ**
なぜ**ヒント書きかえ( )**関数の中で変数**不明字数**の値を変えなければならないのだろう？ 入力された文字が秘密のことばにふくまれているとわかったら、変数**不明字数**から1を引くだけではいけないのだろうか？……もしその文字が秘密のことばに1つしかふくまれないなら、関数の外で変数から1を引けばいい。でも何個もあるなら、計算があわなくなってしまうね。関数の中で変数**不明字数**から1を引くようにすれば、秘密のことばにその文字が出てくるたびに1を引けるようになる。関数は秘密のことばを1文字ずつチェックしているから、このようなことができるんだ。

3 関数を呼び出す

ヒント書きかえ( )関数の呼び出し方も変えよう。変数**不明字数**を引数に加えるよ。そして、関数からの戻り値を変数**不明字数**に代入し直すぞ。

```
if 入力文字 in シークレットワード:
    不明字数 = ヒント書きかえ(入力文字, シークレットワード, ヒントリスト, 不明字数)
else:
    print('はずれ。ライフが1つなくなります。')
    残りライフ = 残りライフ - 1
```

この行で変数**不明字数**に新しい値を代入しているね

変数**不明字数**を引数として関数に渡しているぞ

4 勝ったときの処理

変数**不明字数**が0になるということは、プレイヤーが秘密のことばを当てたということだね。メインループの最後に次のように書き加えよう。プレイヤーがすべての文字を当てれば、秘密のことばを入力しなくてもプレイヤーの勝利でゲームが終わるよ。

```
残りライフ = 残りライフ - 1

if 不明字数 == 0:
    入力_正解 = True
    break
```

プレイヤーが秘密のことばを当てると**break**文でループの外に出る

タートル・グラフィックス

タートル・グラフィックス

ロボットを作ろう

パイソンは、図形やイラストをあつかうのも得意だよ。Turtle Graphics（タートル・グラフィックス）のモジュールでそれができるぞ。タートルとは英語でカメのことだ。パイソンでは、画面上で線を引くために使うカーソルをタートルと呼ぶんだ。このプロジェクトでは、タートルをそうじゅうしてロボットの絵をかくぞ。

どのように動くのか

プログラムを実行すると、タートルが画面上をちょこちょこと動き回り、ロボットの絵をかくよ。色のついた部品がつながってロボットになるのをながめてみよう。

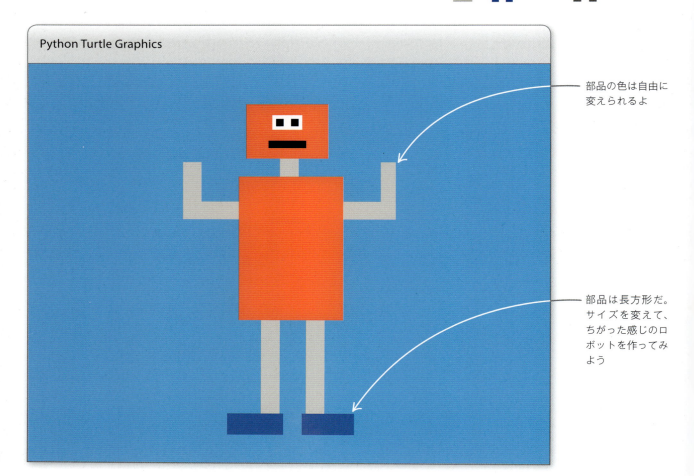

部品の色は自由に変えられるよ

部品は長方形だ。サイズを変えて、ちがった感じのロボットを作ってみよう

しくみ

まず、長方形をかく関数から作ろう。それから長方形をつなげてロボットにしていくよ。関数に渡す引数の値を変えれば、長方形のサイズと色を変えられる。脚には細長い長方形、目には正方形というように、部品ごとに長方形を変えていこう。

▼ロボットを作ろうのフローチャート

フローチャートを見ると、ソースコードがどのような構成になっているかがわかるね。まず背景の色と、タートルが進む速さを決めている。そして足から頭へとロボットの部品を1つずつかいているぞ。

▼ファイル名に注意！

カタカナを使って「タートル.py」というファイル名にするのはいいけれど、英語で「turtle.py」とするのはやめよう。パイソンが混乱して、エラーメッセージをいっぱい出してくるよ。

▼タートルで線をかく

タートル・グラフィックスのモジュールを使うと、ペンを持ったロボットのタートルを画面上で動かせる。どのように動くかを指示すれば、いろいろな図形を画面にかけるんだ。また、いつペンを下ろしてかき始め、いつペンを上げてかくのをやめるかも指示できるから、よけいな線は引かないですむよ。

タートルは前に100歩進んでから左に90度回転し、それから50歩進んでいるよ

```
t.forward(100)
t.left(90)
t.forward(50)
```

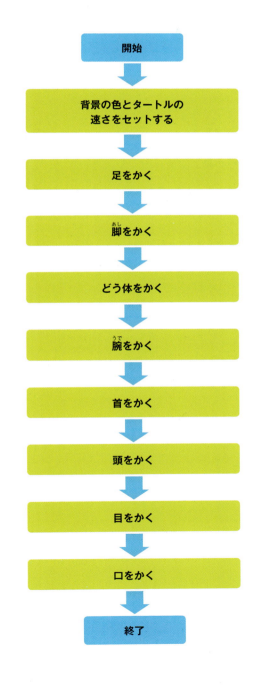

長方形をかく

最初にタートル・モジュールを組み入れよう。このモジュールを利用して、長方形をかく関数を定義するよ。

1 新しいファイルを作る
IDLEを起動して新しいファイルを作る。「ロボット.py」という名前でセーブしよう。

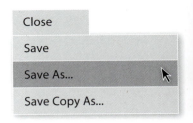

2 タートル・モジュールを組み入れる
ソースコードの1行目は右のように書くよ。**import turtle as t**という命令を出しておけば、タートル・モジュールの関数を呼び出すとき、**turtle**と全部書かなくてもいいんだ。ベンジャミンという名前の人を、短く「ベン」と呼ぶようなものだね。

```
import turtle as t
```

これでタートル・モジュールに「t」というニックネームをつけたよ

色はcolorとつづるけれど、これはアメリカ式の書き方だ。他のプログラミング言語と同じように、パイソンもアメリカ式の書き方をするよ

3 長方形をかく関数
ロボットの部品をかくための関数を作ろう。この関数は横方向の長さ、縦方向の長さ、色という3つの引数を使う。横線をかいたあとに縦線をかくという作業を、ループで2回くり返そう。ステップ2で関数を組み入れたあとの行に、右のように関数のソースコードを書きこむよ。

```
def 長方形(横, 縦, 色):
    t.pendown()
    t.pensize(1)
    t.color(色)
    t.begin_fill()
    for 回数 in range(1, 3):
        t.forward(横)
        t.right(90)
        t.forward(縦)
        t.right(90)
    t.end_fill()
    t.penup()
```

タートルのペンを下ろして線をかき始めるぞ

このブロックで長方形をかいているぞ

range(1, 3)だからループは2回くり返されるね

タートルのペンを上げて、かくのをやめるよ

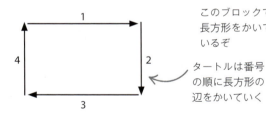

タートルは番号の順に長方形の辺をかいていく

うまくなるヒント
タートルのモード

タートルが右を向いた状態でスタートしているのは標準モードだからだ。標準モードでは**setheading**の命令で0度を指定すると右、90度だと上、180度だと左、270度では下を向くよ。他にLOGOモードというのもあって、「〜度」で指定したときのタートルの向きが標準モードとはちがうんだ。

タートルはふつうは矢印の形をしているけれど、この命令を書いておけばカメの形になるよ

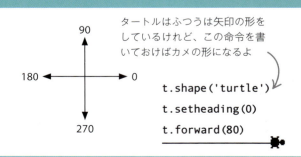

```
t.shape('turtle')
t.setheading(0)
t.forward(80)
```

うまくなるヒント
タートルの速さ

t.speed() 関数で、タートルが線をかく速さを決められる。速さは一番おそい「slowest」から「slow」、「normal」、「fast」、そして一番速い「fastest」まであるよ。

4 背景色を決める

今度はウィンドウの背景に色をつける部分を書こう。命令するまで線をかかないよう、タートルにはペンを上げさせておくよ。ステップ5でロボットの足をかき始めるまで、タートルには線をかかせないんだ。ステップ3のソースコードに続けて、下のようにソースコードを書いていくよ。

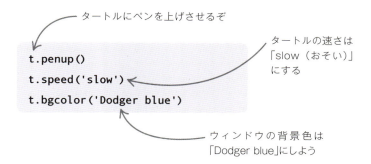

ロボットの組み立て

これでロボットの組み立てにとりかかれるぞ。足から始めて頭の方へと、部品を1つずつ作っていこう。ロボットはいろいろなサイズと色の長方形をつなげたものだ。それぞれの長方形は、タートル・グラフィックス用ウィンドウのちがう位置からかき始めるぞ。

5 足をかく

最初の足をかき始める位置までタートルを動かさなければならないね。それから関数 **長方形()** を使って片足をかくよ。もう片方の足をかくには、位置を変えて同じ引数で関数を呼び出そう。ステップ4で書いたソースコードに続けて、下のように入力しよう。それからプログラムを動かしてみて、ロボットの足がかけるかチェックだ。

ここにコメントを記入して、ロボットのどの部分をかくのかがわかるようにしよう

```
#足
t.goto(-100, -150)
長方形(50, 20, 'blue')
t.goto(-30, -150)
長方形(50, 20, 'blue')
```

タートルをx=-100、y=-150の位置まで動かすよ

関数 **長方形()** で幅50、高さ20の青い長方形をかくぞ

うまくなるヒント
コメント

このプログラムのソースコードには、「#」で始まる行があることに気づいたかな。#に続けて書いたものをコメントと呼ぶよ。ソースコードを読みやすく、理解しやすくするための説明文なんだ。プログラマー向けのメッセージなので、パイソンは読み飛ばしてしまうよ。

76 タートル・グラフィックス

 うまくなるヒント

タートルの座標

パイソンは画面にあわせてタートル用ウィンドウを表示してくれる。でもここでは例として、縦横400ピクセル（この本では400歩と表現しているよ）のウィンドウを考えてみよう。パイソンはウィンドウ内でタートルが行ける場所すべてを、座標で表せるようにしている。ウィンドウ内のすべての場所が、座標を表す2つ1組の数で示せるんだね。最初の数はx座標といい、画面の中心から左右にどれだけはなれているか、2つ目の数はy座標といい、画面中心から上下にどれだけはなれているかを示すよ。座標はこの2つの数をかっこでくくって、(x, y)のように書く。x座標を先に書くのがルールだよ。

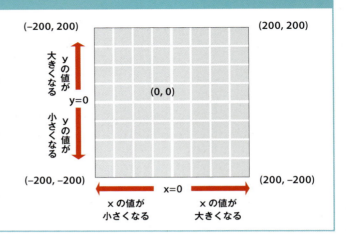

6 脚をかく

プログラムの次の部分では、脚をかき始める位置までタートルを動かすよ。ステップ5で書いたソースコードに右のように書き足そう。それからもう一度、プログラムを実行してみよう。

```
#脚
t.goto(-25, -50)
長方形(15, 100, 'grey')
t.goto(-55, -50)
長方形(-15, 100, 'grey')
```

タートルをx＝−25、y＝−50の位置まで動かそう

左脚をかくよ

こちらは右脚だ

7 どう体をかく

ステップ6のあとに、右のソースコードを書き加えるよ。プログラムを動かして、どう体が現れるのを見てみよう。

```
#どう体
t.goto(-90, 100)
長方形(100, 150, 'red')
```

横100歩、縦150歩の赤い長方形だ

ロボットを作ろう

8 腕をかく

左右の腕はそれぞれ2つの部品でできているよ。「かた」から「ひじ」までと、「ひじ」から「手首」までだ。ステップ7のあとに右のようにソースコードを書こう。それからプログラムを実行してチェックしてみよう。

```
#腕
t.goto(-150, 70)
長方形(60, 15, 'grey')   ← 右上腕
t.goto(-150, 110)
長方形(15, 40, 'grey')   ← 右前腕

t.goto(10, 70)
長方形(60, 15, 'grey')   ← 左上腕
t.goto(55, 110)
長方形(15, 40, 'grey')   ← 左前腕
```

9 首をかく

ロボットに首をつけてあげよう。ステップ8で書いた分に続けて、右のようにソースコードを書くよ。

```
#首
t.goto(-50, 120)
長方形(15, 20, 'grey')
```

10 頭をかく

なってこった！ 頭のないロボットができたぞ。かわいそうなロボットに頭を作ってあげるよ。右のソースコードを、ステップ9のソースコードに続けて書いてね。

```
#頭
t.goto(-85, 170)
長方形(80, 50, 'red')
```

セーブを
わすれないように

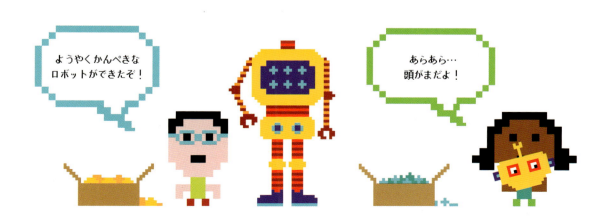

11 目をかく

ロボットに目をかいてあげよう。白い大きな長方形をかき、その中に小さい正方形をかくことにしよう。正方形をかくための関数を新しく定義する必要はないよ。正方形は辺の長さがすべて等しい長方形だからね。ステップ10のソースコードのあとに書き加えよう。

```
#目
t.goto(-60, 160)
長方形(30, 10, 'white')
t.goto(-55, 155)
長方形(5, 5, 'black')
t.goto(-40, 155)
長方形(5, 5, 'black')
```

目の白い部分だ

右のひとみをかくよ

左のひとみだね

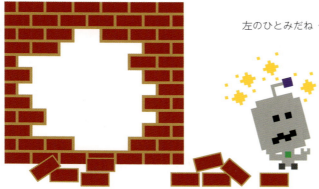

目がついたのにどうしてぶつかるの？

12 口をかく

ロボットの口をかくぞ。ステップ11に続けて右のように入力してね。

```
#口
t.goto(-65, 135)
長方形(40, 5, 'black')
```

13 タートルをかくす

最後にタートルをかくしてしまおう。タートルがロボットの顔の上に止まっているのはおかしいからね。ステップ12で入力したあとに右の1行を加えるよ。プログラムを実行して、ロボットが作られるのをながめてみよう。

```
t.hideturtle()
```

この関数がタートルを見えなくするよ

ロボットができあがっていくわ！

いつになったら止まるの？

改造してみよう

これでひとまず完成したね。ここからはソースコードを書きかえて、ロボットを好きなようにカスタマイズするヒントを紹介するよ。

▼色を変える

今のロボットでもカラフルだけれど、まだまだ手を入れられるよ。君の部屋の色にあわせたり、お気に入りのスポーツチームのシャツの色を使うこともできる。部品ごとに色を変えてもいいね。右と下の図は使える色の一部だ。関数 **長方形( )** の引数で色を指定するときは、ここに書かれているとおりの英語を使ってね。

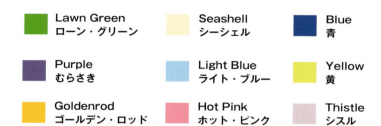

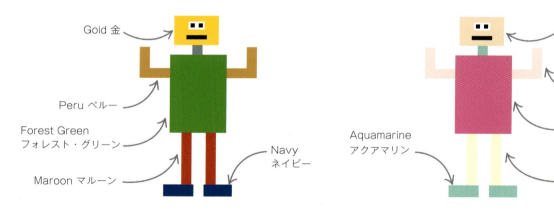

▶顔を変える

目と口を変えれば、ロボットが目を回しているように見えるぞ。左右のひとみをちがう位置に置いたり、口をずらしたりしてみよう。ソースコードは右のようになるよ。

```
#目
t.goto(-60, 160)
長方形(30, 10, 'white')
t.goto(-60, 160)
長方形(5, 5, 'black')
t.goto(-45, 155)
長方形(5, 5, 'black')

#口
t.goto(-65, 135)
t.right(5)
長方形(40, 5, 'black')
```

右のひとみの位置を変えて、目を回しているようにしている

タートルの向きを少し回転させて、口がななめになるようにしているね

▶手を工夫する

ロボットの手をU字型にしてみよう。フックのようにしてもいいし、カニのはさみのようにしてもいい。いろいろな手を試してみよう。右のサンプルはU字型にする場合のソースコードだよ。

```
#手
t.goto(-155, 130)
長方形(25, 25, 'green')
t.goto(-147, 130)
長方形(10, 15, t.bgcolor())
t.goto(50, 130)
長方形(25, 25, 'green')
t.goto(58, 130)
長方形(10, 15, t.bgcolor())
```

まず手全体を緑色の正方形でかいておくよ

緑色の正方形の上に小さな長方形をかき、その色を背景色と同じにしている

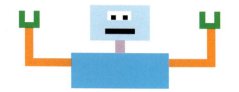

腕のかき方を工夫する

腕は部品を2つ組み合わせているから、位置を変えたり、もう1つ腕を加えるとなると大変だ。でも関数を作ってしまえば、腕をかくのがとても楽になるぞ。

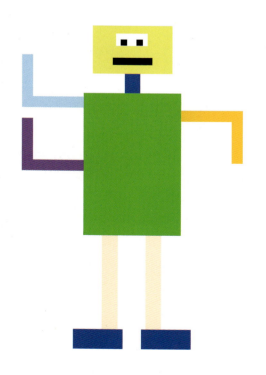

1 腕をかく関数

下の新しい関数をソースコードに加えよう。腕の部品をかいて色をぬる関数だ。

```
    t.end_fill()
    t.penup()

def 腕をかく(色):
    t.pendown()
    t.begin_fill()
    t.color(色)
    t.forward(60)
    t.right(90)
    t.forward(50)
    t.right(90)
    t.forward(10)
    t.right(90)
    t.forward(40)
    t.left(90)
    t.forward(50)
    t.right(90)
    t.forward(10)
    t.end_fill()
    t.penup()
    t.setheading(0)
```

この行からあとの命令で図形をかいたら、その中をぬりつぶすようにという指示だ

ここでぬりつぶすための色を決めているよ

この部分の命令にしたがってタートルが腕をかくぞ

ぬりつぶすのをやめるための命令だね

タートルの向きをリセットしているから、タートルは右を向くことになるぞ

ロボットを作ろう **81**

2 腕をかく

#腕のコメント行から#首のコメント行の間のソースコードを、下のソースコードに入れかえるよ。関数**腕をかく()**を使って、3本の腕をかくぞ。

```
#腕
t.goto(-90, 85)
t.setheading(180)
腕をかく('light blue')

t.goto(-90, 20)
t.setheading(180)
腕をかく('purple')

t.goto(10, 85)
t.setheading(0)
腕をかく('goldenrod')
```

- タートルをロボットから見て右（君から見るとウィンドウの左）に向かせるよ
- 関数を使ってlight blue（ライト・ブルー）の腕をかくぞ
- タートルをロボットから見て左（君から見るとウィンドウの右）に向かせるよ

▼腕を動かす

これで腕を楽にかけるようになったぞ。腕の位置を変えれば、ロボットが頭をポリポリとかいたり、音楽にあわせておどっているようにも見えるね。**setheading()** 関数を利用すれば、タートルが腕をかき始めるときの向きを変えられるよ。

```
#腕
t.goto(-90, 80)
t.setheading(135)
腕をかく('hot pink')

t.goto(10, 80)
t.setheading(315)
腕をかく('hot pink')
```

- タートルがウィンドウの左上を向くようにする
- 関数**腕をかく()**で右腕をかくよ
- タートルがウィンドウの右下を向くようにする
- 関数**腕をかく()**で左腕をかくよ

うまくなるヒント
トライ＆エラー

ロボットを新しくデザインしたり改造するときは、思いどおりにできるか確かめるため、プログラムを何回も実行することになるよ。**t.speed('slow')**の行の次に、**print(t.window_width())**と**print(t.window_height())**を書きこめば、パイソンがタートル用ウィンドウの縦横の長さをシェルウィンドウに表示してくれる。そうしたらグラフ用紙にタートル用ウィンドウにあったサイズのわくを書き、その中でロボットの設計図を書いてみよう。

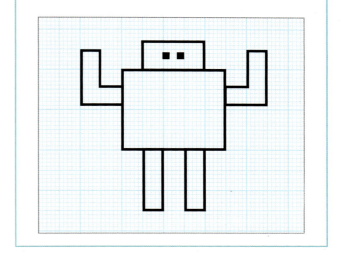

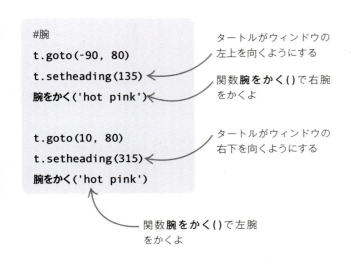

頭がかゆいのかな？

スパイラル

シンプルな図形からふくざつなもようを生み出すプログラムだ。図形と色の組み合わせをいくつも作り、美しいスパイラル（らせんもよう）をえがいてみるぞ。展覧会に出せるようなデジタルアートのけっさくに挑戦だ。

どのように動くのか

タートルが画面上に円をかき続けるよ。円をかくたびにタートルは位置、向き、色、円のサイズを変えていく。やがて、円がいくつも重なったスパイラルがすがたを現すぞ。

▲円が作るスパイラル
円の上に円がつぎつぎと重なっているよ。円の位置を少しずつずらしているから、らせんの中心から外へと広がっているんだね。

円のサイズと色は、直前にかいたものとはちがうようにしているね

ソースコードに、タートルを見えなくする命令が書かれている。だから円をかくタートルは見えないよ

スパイラル **83**

けっさくぞろいだ！

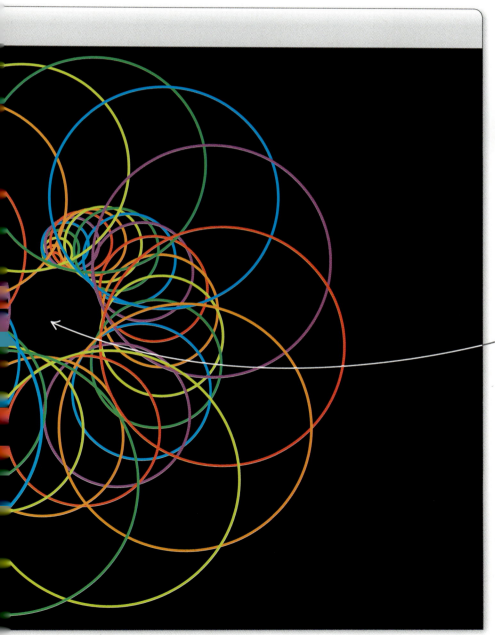

タートルは画面中央から円をかき始めるよ

◀プログラムを調整できる
プログラムを長い時間実行するほど、ふくざつなもようになっていくよ。円をかいている関数の引数を調整すれば、びっくりするようなもようを作れるぞ。

しくみ

このプロジェクトではturtleモジュールだけでなく、ループも使って円を重ねているよ。円を1つかくたびに、円をかく関数の引数を少しずつ変えている。だから新しい円は、すぐ前にかいた円とは必ずちがっているんだ。そうすることで、見る人の目を引きつけるもようになっていくよ。

▼スパイラルのフローチャート

プログラムの中で変化しない値（タートルの速さなど）を最初にセットしてからループに入る。ループではペンの色を変えて円をかき、タートルの向きと位置をずらしてから、またペンの色を変えて円をかくという処理をくり返すんだ。ユーザーが終わらせるまでプログラムは動き続けるよ。

うまくなるヒント

cycle()関数

スパイラルをカラフルにするため、このプロジェクトではitertoolsモジュールのcycle()関数を使うよ。この関数を使えば、色の名を入れたリストから、順番にアイテムを1つずつ取り出し続けてくれる。円の色を変えるときに役立つね。

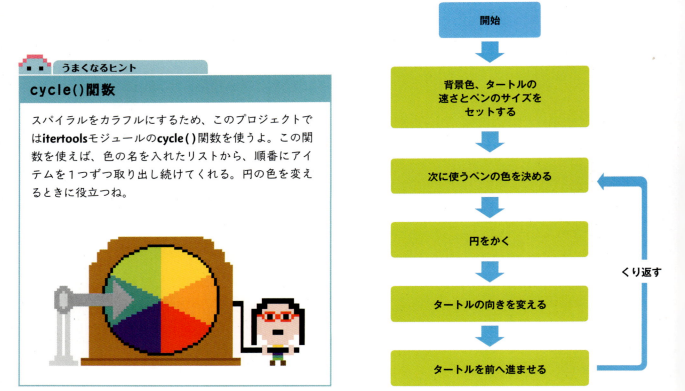

円をかいてみよう！

まず円を1つ、画面にかいてみるよ。次に円の数を増やしてみよう。それから円の色とサイズを変えよう。こうして少しずつソースコードに書き加えていけば、カラフルで目を引くもようをかけるようになるぞ。

1 新しいファイルを作る

IDLEを起動して新しいファイルを作り、「スパイラル.py」という名前でセーブしよう。

2 turtleモジュール

最初にturtleモジュールを組み入れなければならないね。このプロジェクトで一番使うモジュールだ。ソースコードの1行目に下のように入力しよう。

```
import turtle
```

turtleモジュール全体を組み入れる

タートルをセットする

右のソースコードでは、**turtle**モジュールの中の関数を呼び出しているね。背景色を決めてから、タートルの速さとペンのサイズをセットしているよ。

```
import turtle

turtle.bgcolor('black')
turtle.speed('fast')
turtle.pensize(4)
```

背景色 / タートルの速さ / ペンのサイズをセットしている。これでタートルが引く線の太さが決まるよ

4 ペンの色を決めて円をかく

続いてタートルが引く線の色を決めるよ。そうしたら円をかいてみよう。右のサンプルの一番下の2行を書き足してから、プログラムを実行しよう。

```
import turtle

turtle.bgcolor('black')
turtle.speed('fast')
turtle.pensize(4)

turtle.pencolor('red')
turtle.circle(30)
```

ペンの色

この行で円を1つかくようタートルに指示しているね

5 円を増やしてみる

今は1つの円しかかけないけれど、もっと多くの円が必要だ。ソースコードの書き方を工夫してみよう。赤い円をかくよう命令している2行を関数の中に入れてしまい、さらに関数の中で関数自身を呼び出すんだ。このテクニックは「再帰呼び出し」や「再帰定義」と呼ばれ、関数を何度も実行できるぞ。関数は使う前に定義しておく必要があったね。だからこの関数も、ソースコードの最初の方で定義しておこう。

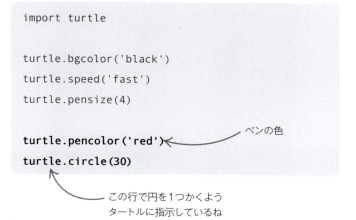

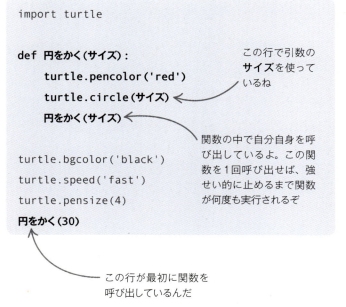

```
import turtle

def 円をかく(サイズ):
    turtle.pencolor('red')
    turtle.circle(サイズ)
    円をかく(サイズ)

turtle.bgcolor('black')
turtle.speed('fast')
turtle.pensize(4)
円をかく(30)
```

この行で引数の**サイズ**を使っているね

関数の中で自分自身を呼び出しているよ。この関数を1回呼び出せば、強せい的に止めるまで関数が何度も実行されるぞ

この行が最初に関数を呼び出しているんだ

もしもし、関数さんですか？

	うまくなるヒント

再帰呼び出し（再帰定義）

関数が自分自身を呼び出すことを再帰呼び出しという。これが、ループを作るもう1つの方法なんだ。再帰呼び出しを使う場合、たいては関数を呼び出すたびに引数の値を変えている。このスパイラルでは円のサイズ、タートルの向き、円の位置が、関数を呼び出すたびに変えられているよ。

6 実験してみる

プログラムを動かしてみよう。タートルはまったく同じ円を何度もかくはずだ。でも心配しなくていいよ。次のステップで直していこう。

7 色を変えてサイズも大きくする

円のサイズがしだいに大きくなり、色がつぎつぎに変わっていくようにしてみよう。ここで使う **cycle()** 関数はリストを引数にする。そしてそのリストのアイテムを無限にくり返す、特別な形式のリストを戻り値にするんだ。戻り値のアイテムは **next()** 関数で順番に取り出していける。もう一度プログラムを実行してみよう。

```
import turtle
from itertools import cycle         ← cycle()関数を組み入れるよ

色 = cycle(['red', 'orange', 'yellow', 'green', 'blue', 'purple'])
                                                    ↑
                                       リスト内の色が、くり返し
                                       このこの順番で並ぶように
                                       しているよ

def 円をかく(サイズ):
    turtle.pencolor(next(色))
    turtle.circle(サイズ)          cycle()関数の戻り値からnext()
    円をかく(サイズ + 5)            関数でアイテムを取り出し、色を決
                                   めているぞ

turtle.bgcolor('black')            直前の円の大きさに
turtle.speed('fast')               5を足しているね
turtle.pensize(4)
円をかく(30)
```

スパイラル 87

8 スパイラルを完成させる

円の色とサイズは変わるようになったよ。もう少しソースコードを改良してスパイラルを作り上げよう。円をかき始めるときのタートルの向きと位置を少しずつ変えることで、目がくらむようなうずまきもようにしよう。下のように太字の部分を追加してからプログラムを実行してみるよ。何が起きるかな?

セーブを
わすれないように

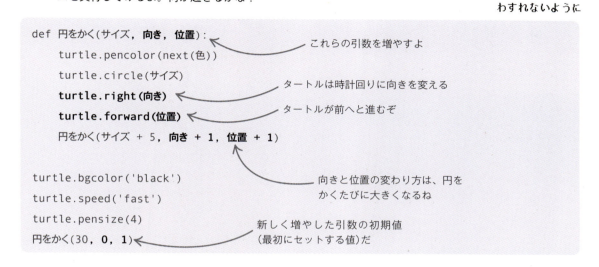

```
def 円をかく(サイズ, 向き, 位置):
    turtle.pencolor(next(色))
    turtle.circle(サイズ)
    turtle.right(向き)
    turtle.forward(位置)
    円をかく(サイズ + 5, 向き + 1, 位置 + 1)

turtle.bgcolor('black')
turtle.speed('fast')
turtle.pensize(4)
円をかく(30, 0, 1)
```

- これらの引数を増やすよ
- タートルは時計回りに向きを変える
- タートルが前へと進むぞ
- 向きと位置の変わり方は、円をかくたびに大きくなるね
- 新しく増やした引数の初期値(最初にセットする値)だ

改造してみよう

スムーズにスパイラルがかけるようになったら、ソースコードをいろいろと変えて、もっとファンタスティックなもようを作ってみよう。

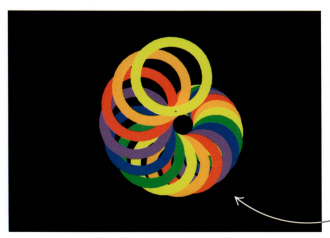

◀ **線を太くする**

ペンのサイズを少しずつ大きくすると、スパイラルはどうなるかな? 下のソースコードのようにサイズを4から40にしたらどうなるだろう?

```
turtle.pensize(40)
```

ペンのサイズを大きくするほど、円をえがく線が太くなっていくよ

```
def 円をかく(サイズ，向き，位置):
    turtle.bgcolor(next(色))
    turtle.pencolor(next(色))
    turtle.circle(サイズ)
    turtle.right(向き)
    turtle.forward(位置)
    円をかく(サイズ + 5, 向き + 1, 位置 + 1)

turtle.bgcolor('black')
turtle.speed('fast')
turtle.pensize(4)
円をかく(30, 0, 1)
```

背景色をループの中でセットするようにしたよ

◀ **とにかくカラフルにする**
ペンの色だけでなく、円をかくたびに背景色を変えるというのはどうかな？きっとすごいことになるぞ。背景色をセットしている行を**円をかく()** 関数の中に移して、円をかくごとに背景色が変わるようにしよう。色は**next()** 関数を利用して決める。今までは円の色が「赤、オレンジ、黄、緑、青、むらさき」と変わっていたけれど、今度は背景色が赤のとき円はオレンジ、背景色が黄のとき円は緑、背景色が青のとき円はむさらきになるぞ。注意して見てみよう。

▼ **新しいパターンを作ってみる**
スパイラルがどのようなパターンになるかは、関数を呼び出すたびに、引数の値をいくつずつ変えるかで決まるんだ。3つの引数（サイズ、向き、位置）の増え方を大きくしたり小さくしたりして、スパイラルの形がどうなるか調べてみよう。

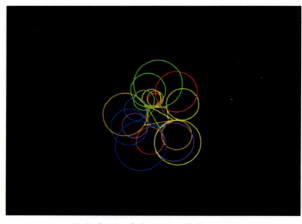

サイズ＋10、向き＋10、位置＋1

サイズ＋5、向き－20、位置－10

スパイラル

形はすぐに
変えられるさ！

ソースコードを変えれば、円以外の図形も入れられるぞ

▼図形を変えてみる
円以外の図形もかくようにしたらどうなるだろう？ 円と正方形が交互に出てくるようにすると、きっとおもしろいスパイラルになるよ。下にソースコードの例を書いておくぞ。関数の名前を変えていることに注意してね！

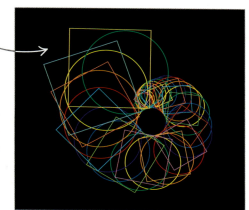

```
import turtle
from itertools import cycle

色 = cycle(['red', 'orange', 'yellow', 'green', 'blue', 'purple'])

def 図形をかく(サイズ，向き，位置，図形):
    turtle.pencolor(next(色))
    次の図形 = ''
    if 図形 == '円':
        turtle.circle(サイズ)
        次の図形 = '正方形'
    elif 図形 == '正方形':
        for 回数 in range(4):
            turtle.forward(サイズ * 2)
            turtle.left(90)
        次の図形 = '円'
    turtle.right(向き)
    turtle.forward(位置)
    図形をかく(サイズ + 5, 向き + 1, 位置 + 1, 次の図形)

turtle.bgcolor('black')
turtle.speed('fast')
turtle.pensize(4)
図形をかく(30, 0, 1, '円')
```

新しい引数**図形**を加えるよ

ループは4回実行され、1回実行されるごとに辺を1つずつ書いていくぞ

タートルの向きを変える

タートルを前へ動かす

この引数が毎回変わるので、タートルは円と正方形を交互にかくよ

最初にかくのは円だ

星空

画面をきれいな星でうめつくそう。このプロジェクトではturtleモジュールを使って星をいっぱいかくよ。乱数を利用して星が画面全体にちらばるようにしよう。色、サイズ、形もいろいろ変えてみるぞ。

プログラムを動かすたびに新しいタートル用ウィンドウが開くよ

タートルが星を1つまた1つと増やしていくぞ

どのように動くのか

まず星のない夜空が現れて、次に星が1つだけえがかれる。そしてプログラムが動いている間は、いろいろな形と色の星が現れ続け、夜空は星でいっぱいになるよ。プログラムを動かしたままにすると、カラフルな夜空が出現するぞ。

うまくなるヒント

色の作り方

コンピューターの画面に表示される図形やイラストは、ピクセルという小さな点が集まったものなんだ。1つのピクセルは赤、緑、青のどれか1色の光を放つ。この色をまぜ合わせることで、いろいろな色を作れるんだ。このプロジェクトでは、星の色を3つの数で指定しているよ。この数はそれぞれ赤、緑、青の光の量を示している。この3色の光が合わさって、指定した色が作られるんだ。

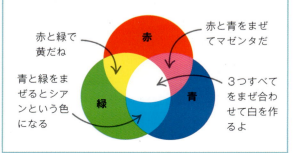

赤と緑で黄だね

赤と青をまぜてマゼンタだ

青と緑をまぜるとシアンという色になる

3つすべてをまぜ合わせて白を作るよ

星空 **91**

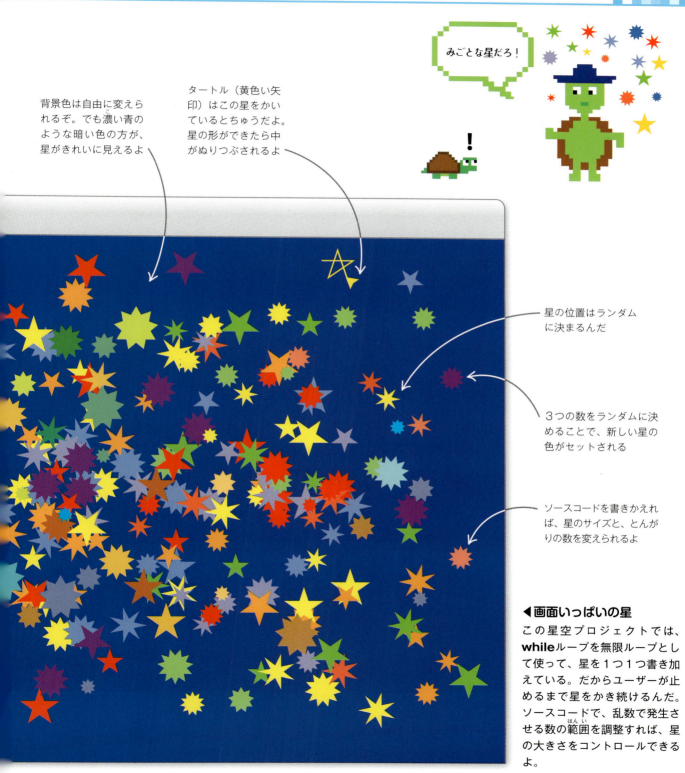

みごとな星だろ！

背景色は自由に変えられるぞ。でも濃い青のような暗い色の方が、星がきれいに見えるよ

タートル（黄色い矢印）はこの星をかいているとちゅうだよ。星の形ができたら中がぬりつぶされるよ

星の位置はランダムに決まるんだ

3つの数をランダムに決めることで、新しい星の色がセットされる

ソースコードを書きかえれば、星のサイズと、とんがりの数を変えられるよ

◀**画面いっぱいの星**
この星空プロジェクトでは、**while**ループを無限ループとして使って、星を1つ1つ書き加えている。だからユーザーが止めるまで星をかき続けるんだ。ソースコードで、乱数で発生させる数の範囲を調整すれば、星の大きさをコントロールできるよ。

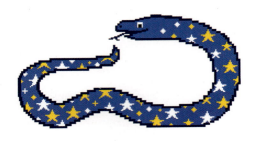

しくみ

このプロジェクトでは、タートル・グラフィックス用ウィンドウのランダムな位置に星をかいていくことになる。そこで、まず星を1つかく関数を作ろう。ループでその関数を何回も実行して、画面をいろいろな星でうめつくすんだ。

◀星を数える

空気がきれいだと、晴れた夜空には5000個ぐらいの星が見えるはずだ。もしプログラムで5000個の星をえがくとしたら3時間以上かかってしまうよ。

▼星空のフローチャート

フローチャートはとてもシンプルだよ。質問することもないし、判断することもないからだ。タートルが最初の星をえがき始めてから、ループは止まることなく星をえがき続けるぞ。

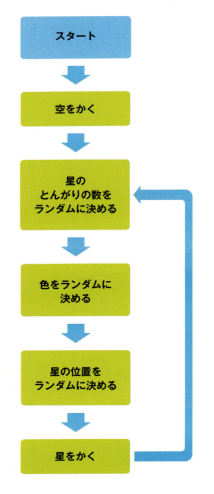

星を1つかく

関数を作る前に、タートルを使った星のかき方を学んでおこう。星のかき方さえマスターすれば、プロジェクトの残りの部分は必ず作れるはずだ。

1 新しいファイルを作る
IDLEを起動してFileメニューから「New File」を選び、「星空.py」という名前でセーブしよう。

2 turtleモジュール
エディタウィンドウで右のように入力するよ。**turtle**モジュールを読みこんでいるんだ。これで星をかく準備ができたね。

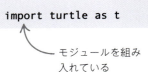

モジュールを組み入れている

3 命令を書く

turtleモジュールを組み入れた行の下に、右のように入力するよ。星のサイズと形を決める値を入れておく変数だ。これらの変数は、タートルの画面上での動きも決めているんだ。

```
import turtle as t

サイズ = 300
とんがりの数 = 5
角度 = 144

for 回数 in range(とんがりの数):
    t.forward(サイズ)
    t.right(角度)
```

星のサイズと形をどうするかは、この3行で指示しているよ

星のとんがり同士が作る角度だよ

この**for**ループは、星のとんがりごとにタートルに同じ動きをさせているぞ

4 星を1つかいてみる

IDLEのRunメニューから「Run Module」を選んでプログラムを動かしてみよう。タートル・グラフィックス用ウィンドウが表示され（もしかしたら他のウィンドウのうしろになっているかもしれないぞ）、矢印の形のタートルが星をかき始めるぞ。

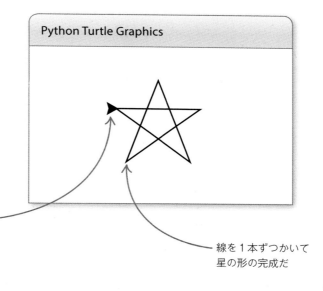

矢印の形のタートルがウィンドウ内を動いて線を引くよ

線を1本ずつかいて星の形の完成だ

セーブをわすれないように

5 角度を計算できるようにする

とんがりの数が5つではない星がかけたらいいね。右のようにソースコードを変えてみよう。とんがり同士が作る角度を計算できるようになるぞ。タートルは、とんがりの数が変わっても星をかけるようになるよ。

```
import turtle as t

サイズ = 300
とんがりの数 = 5
角度 = 180 - (180 / とんがりの数)

for 回数 in range(とんがりの数):
    t.forward(サイズ)
    t.right(角度)
```

角度はとんがりの数によって変わってくるよ

6 色をつけよう

かっこいい星がかけたよ。でも明るくないね。色をつけて目立つようにしよう。右のようにソースコードに書き加えて、黄色くぬってみるよ。

```
import turtle as t

サイズ = 300
とんがりの数 = 5
角度 = 180 - (180 / とんがりの数)

t.color('yellow')
t.begin_fill()
for 回数 in range(とんがりの数):
    t.forward(サイズ)
    t.right(角度)

t.end_fill()
```

← この行で星の色を黄色に指定しているぞ

← 星の中をぬりつぶす命令だ

7 プログラムを動かしてみる

タートルは黄色い星をかくはずだ。うまくいったら、色の指定を変えてちがう色の星にしてみよう。

8 いろいろな星をかく

変数**とんがりの数**に代入する値（「＝」のうしろの5のことだね）を変えると、ちがう形の星がかけるよ。ただし、**とんがりの数**は奇数でなければならない。偶数を入れたら、めちゃくちゃになってしまうぞ。

とんがりが5こ

とんがりが7こ

とんがりが11こ

うまくなるヒント

穴のあいた星

コンピューターの機種によっては、星の形が少しちがうかもしれない。右のように真ん中に穴があるかもしれないよ。パイソンのタートルがかく図形は、機種によってちがう見た目になることがあるんだ。でもソースコードがまちがっているわけではないから安心してね。

セーブをわすれないように

星でいっぱいの夜空

今度は、星をかく部分のソースコードを関数の中に入れてしまおう。この関数を使って、星でいっぱいになった夜空をかくよ。

かに座が見えたぞ！

星をかく( )関数は5つの引数で星の形、サイズ、色、位置を決めているよ

9 関数を作る
右のようにソースコードを変えるぞ。ほぼ全体が書きかえになるね。中央の大きなブロックには、星をかくための命令をすべて入れて、すっきりと関数にまとめている。メインのソースコードで、この関数を呼び出す命令を1行書けば、星を1つ書けるようになったよ。

パイソンは、「#」（スクエアまたはハッシュ記号などと呼ばれるよ）で始まる「コメント」行は無視してしまうよ。コメントは、ソースコードの理解を助けるメモのようなものだ

この行で関数を呼び出して（実行して）いるね

```
import turtle as t

def 星をかく(とんがりの数, サイズ, 色, X, Y):
    t.penup()
    t.goto(X, Y)
    t.pendown()
    角度 = 180 - (180 / とんがりの数)
    t.color(色)
    t.begin_fill()
    for 回数 in range(とんがりの数):
        t.forward(サイズ)
        t.right(角度)
    t.end_fill()

#メインコード
t.Screen().bgcolor('dark blue')
星をかく(5, 50, 'yellow', 0, 0)
```

XとYの座標で、星の画面上での位置を定めているよ

背景色を濃い青にしている

タートルはサイズが50の黄色い星をウィンドウ中央にかくよ

10 プログラムを実行する
タートルは濃い青色の背景に黄色い星を1つかくはずだ

Python Turtle Graphics

 覚えておこう

コメント

プログラマーは、ソースコードによくコメントを書きこんでいる。それぞれの部分がどんな処理をしているかとか、特に大事なところを、あとで思い出しやすくするためだ。パイソンの場合、コメントは「#」で始めなければならない。この記号があれば、その行で#のあとに書かれた部分は無視されるぞ。上の**#メインコード**がいい例だ。しばらくたってからソースコードを見直すとき、コメントがあるととても助かるよ。

11 ランダムに数を加える

思いがけない星ができるように乱数を取り入れるよ。turtleモジュールを組み入れている行の次に、右のように書き足そう。これで**random**モジュールの**randint()**関数と**random()**関数が組み入れられたぞ。

```
import turtle as t
from random import randint, random


def 星をかく(とんがりの数, サイズ, 色, X, Y):
```

12 ループを作る

#メインコードを右のように変えよう。**while**ループを作るんだ。これで星の形、サイズ、色、位置の引数の値を、ループでランダムに決め続けるぞ。

randとんがりの数を決めている行では、星のとんがりの数が5から11の間の奇数になるよう工夫しているよ

星をかく()関数を呼び出している行も変えるぞ。**while**ループの中でランダムに決めた値を使うようにするんだ

```
#メインコード
t.Screen().bgcolor('dark blue')

while True:
    randとんがりの数 = randint(2, 5) * 2 + 1
    randサイズ = randint(10, 50)
    rand色 = (random(), random(), random())
    randX = randint(-350, 300)
    randY = randint(-250, 250)

    星をかく(randとんがりの数, randサイズ, rand色, randX, randY)
```

13 もう一度実行してみる

ウィンドウがゆっくりと星でうめられていくね。タートルはさまざまな色、形、サイズの星をつぎつぎとかいていくよ。

Python Turtle Graphics

タートルはランダムに星をかく

 覚えておこう

タートルを消す

タートルが目ざわりなら、タートルを消す命令があるぞ。覚えておこう。下のように書き加えると、タートルが消えて、星が何もないところに魔法のようにえがかれていくよ。

```
# メインコード
t.hideturtle()
```

あれは星じゃない!

改造してみよう

これで夜空に自由に星を出せるようになったね。星をかく( )関数をいろいろ工夫してみよう。そのためのヒントをいくつか紹介するよ。

マウスを使ってみよう！

▶クリックして星をかく

ランダムに決めた位置に星をかくのではなく、**turtle.onScreenClick( )**関数を使って、ユーザーがマウスでクリックした位置に星をかくようにしてみよう。

▲星の形とサイズ

whileループの中で変数**rand**とんがりの数と**rand**サイズに値を代入している。**randint( )**関数の引数の値を変えれば、現れる星の形とサイズのバリエーションを変えられるぞ。

▼タートルを速く動かす

スピード( )関数を作ってタートルが動く速さを変えることもできる。また、メインコードの最初に**t.speed(0)**と書き足せば、タートルがすごい速さで動くようになるよ。

▼星座をかいてみる

夜空で星が何かの形に並んでいるのが星座だね。星を決まった位置にかいて星座を作ってみよう。星の位置を示す(X, Y)座標のリストを作り、**for**ループを使って星をかいていけばいいね。

じつは足が速いんだ！

わく星のまわりにリングをつけてみよう

戻るべきわく星はどこ？

何かに見えるぞ！

▶わく星をかく

turtle.circle( )関数の使い方を調べて、わく星をかくのに利用できるか考えてみよう。手がかりになるソースコードを書いておくよ。

```
def わく星をかく(色, X, Y):
    t.penup()
    t.goto(X, Y)
    t.pendown()
    t.color(色)
    t.begin_fill()
    t.circle(50)
    t.end_fill()
```

タートル・グラフィックス

レインボー・カラー

パイソンのタートルは、どんなもようやデザインでもかけるんだ。でも油断してはいけないぞ。このプロジェクトではタートルがハメをはずしてしまったようだ。こんなレインボー（にじ）は見たことがないぞ。

どのように動くのか

プログラムを動かすと、ユーザーに線の長さと太さをたずねてくる。回答を入力すると、タートルがところせましと画面上を動き回り、動いたあとに色とりどりの線が引かれる。プログラムはユーザーが止めるまで動き続けるよ。ユーザーが設定した線の長さと太さによって、もようの感じが大きく変わるよ。

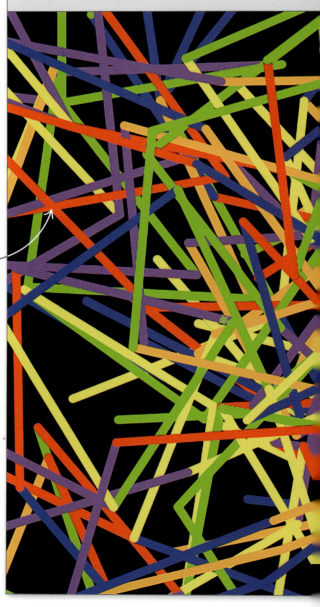

タートルがウィンドウの中で動いたあとに線が引かれるぞ

 うまくなるヒント

次の色は？

このプロジェクトでは、**random**モジュールの**choice()**関数を使って、タートルが引く線の色を決めるよ。つまり、次にタートルがどの色を使うかはわからないんだ。

`t.pencolor(random.choice(ペンの色))`

タートルはペンの色のリストに入っている6色から選ぶよ

レインボー・カラー

これがホントの
にじさ！

タートルが使う色は赤、オレンジ、黄、緑、青、むらさきの6色だ

タートルは0から180度の間で時計回りに向きを変えてから、次の直線をかくぞ

設定_線の長さ( ) 関数を使って「長い、ふつう、短い」から線の長さを選べるよ

◀どこまでもぬりつぶす
whileループを無限ループにしているから、ウィンドウを閉じるなどしてプログラムを止めない限り、タートルが動き続けるよ。線の長さ、太さ、色だけでなく、タートルの形、色、速さも変えられるんだ。

しくみ

タートルは線を引く前に向きを変えるようになっているし、使う色もあらかじめ選んでおいた中からランダムに決まる。だからこのプロジェクトでは、毎回ちがったもようがかけるよ。タートルがどんな線をかくか、事前に知ることはできないんだ。

▼レインボー・カラーのフローチャート

無限ループを使うので、プログラムが動いている間は線が引かれ続けるね。タートル・グラフィックス用のウィンドウを閉じるか、シェルウィンドウでCtrl+Cキーを押そう。

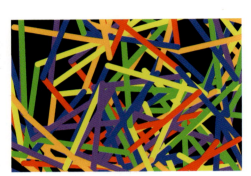

長い、太い

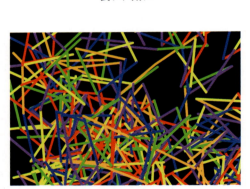

ふつう、細い

短い、極太

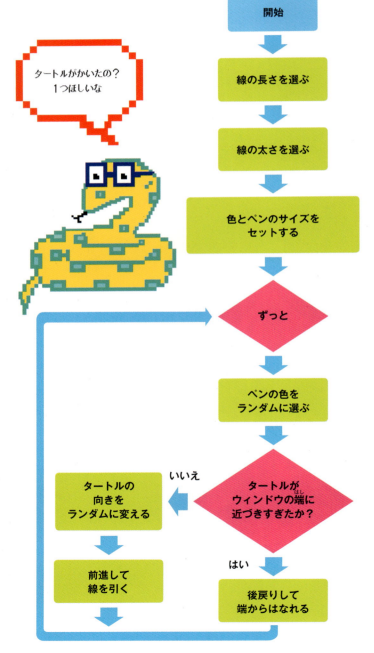

タートルがかいたの？
1つほしいな

レインボー・カラー 101

◀ **にげ回るタートル!**
タートルを完全に自由にすると、ウィンドウの外に出ようとするぞ。プログラムを組み上げるときに、タートルの位置を確認して、あまり遠くに行かないようにする命令を入れておこう。そうしないとタートルが行方不明なってしまうぞ！

さあ始めよう

新しいファイルを作ってプログラミング開始だ。必要なモジュールを組み入れて、ユーザーに設定を入力してもらうための関数を2つ作ろう。

1 新しいファイルを作る
IDLEを起動して新しいファイルを作り、「レインボー.py」という名前でセーブしよう。

2 モジュールを組み入れる
ソースコードの先頭に下の2行を書きこんで、**turtle**モジュールと**random**モジュールを組み入れるよ。**import turtle as t** とするのを忘れないように。こうしておけば **turtle** と全部入力しなくてもモジュールの関数を呼び出せるね。t.と書いてから関数名を続ければいい。

```
import random
import turtle as t
```

スタート

3 線の長さを設定する
次はユーザーに、タートルが引く線の長さを「長い、ふつう、短い」の中から設定してもらう関数だ。可能なら、関数は使う前に定義するようにしよう。ステップ2で書いた行に続けて、右のように書き加えるよ。

```
import turtle as t

def 設定_線の長さ():
    choice = input('線の長さを設定してください（長い、ふつう、短い）: ')
    if choice == '長い':
        線の長さ = 250
    elif choice == 'ふつう':
        線の長さ = 200
    else:
        線の長さ = 100
    return 線の長さ
```

線の長さを選んでもらうためのメッセージを表示するぞ

「短い」を選ぶと**線の長さ**は100になる

変数**線の長さ**を戻り値にして、関数を呼び出した部分に返しているね

タートル・グラフィックス

4 線の太さを設定する

このステップでは、ユーザーにタートルが引く線の太さを「極太、太い、細い」の中から設定してもらう関数を作るよ。**設定_線の長さ()** 関数とよくにているね。ステップ3で書いた行に続けて、右のように書き加えよう。

「細い」が選ばれたら変数**線の太さ**に10を代入するよ

```
    return 線の長さ

def 設定_線の太さ():
    choice = input('線の太さを設定してください(極太、太い、細い): ')
    if choice == '極太':
        線の太さ = 40
    elif choice == '太い':
        線の太さ = 25
    else:
        線の太さ = 10
    return 線の太さ
```

線の太さをユーザーにたずねるぞ

変数**線の太さ**を戻り値にして、関数を呼び出した部分に返しているね

5 関数を呼び出す

ここまでで関数を2つ定義したよ。ユーザーに線の長さと太さを入力してもらうのに使えるぞ。右のようにソースコードの最後に書き加えてからファイルをセーブしよう。

```
    return 線の太さ

線の長さ = 設定_線の長さ()
線の太さ = 設定_線の太さ()
```

6 プログラムを実行してみる

新しい関数がきちんと動くか見てみよう。シェルウィンドウに注目だ。線の長さと太さをたずねてくるはずだね。

```
線の長さを設定してください(長い、ふつう、短い): 長い
線の太さを設定してください(極太、太い、細い): 細い
```

ユーザーの入力

タートルを呼び出そう！

これから書くソースコードは、グラフィックス用のウィンドウを開いてタートルを登場させるためのものだ。

7 ウィンドウを開く

ステップ5で加えたソースコードの下に、右のように書いていこう。ウィンドウの背景色、タートル自身の形、色、速さを決めているよ。最後の行で、タートルが使うペンの太さをセットしているね。

ペンの太さをユーザーが選んだ線の太さにしているよ

```
線の太さ = 設定_線の太さ()

t.shape('turtle')
t.fillcolor('green')
t.bgcolor('black')
t.speed('fastest')
t.pensize(線の太さ)
```

タートルは矢印の形をしているのがふつうだけれど、この行ではカメの形に設定しているぞ

タートルを緑色にしているよ

背景色は黒にしよう

タートルが動く速さだね

レインボー・カラー 103

8 プログラムを実行してみる

もう一度プログラムを実行してみよう。シェルウィンドウで線の長さと太さの質問に答えると、グラフィックス用のウィンドウが開いてタートルが現れるよ。タートルをよく見たいならチャンスだ。プログラムが完成すれば、タートルはすばやく動き回るからね。

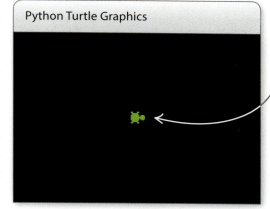

タートルのスタート位置はウィンドウの中央だ

9 ウィンドウ内にとどめる

タートルがウィンドウからさまよい出ないよう、ウィンドウの端から100歩手前に境界線をもうけよう。タートルがこの境界線の内側にいるかどうかをチェックする関数を作るよ。ステップ4で書いたソースコードとステップ5で書いたソースコードの間に、下のように書きこもう。

```
    return 線の長さ

def ウィンドウ内判定():
    左限界 = (-t.window_width() / 2) + 100
    右限界 = (t.window_width() / 2) - 100
    上限界 = (t.window_height() / 2) - 100
    下限界 = (-t.window_height() / 2) + 100
    (x, y) = t.pos()
    ウィンドウ内 = 左限界 < x < 右限界 and 下限界 < y < 上限界
    return ウィンドウ内

線の長さ = 設定_線の長さ()
```

- ウィンドウ左端から右に100歩だね
- 右端から左に100歩
- 上の端から100歩下
- 下の端から100歩上
- この行でタートルの位置を調べ、(x, y)座標で表しているよ
- タートルが境界線の内側にいれば変数**ウィンドウ内**に**True**を、そうでなければ**False**を代入する
- 変数**ウィンドウ内**を戻り値にして、関数を呼び出した部分に渡しているね

▶しくみ

タートルのx座標が左右の境界線の内側、そしてy座標が上下の境界線の内側にあるかを調べているんだね。

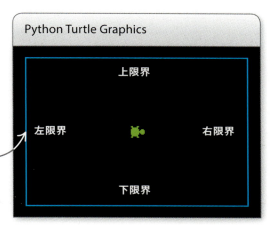

境界線はこの青い四角形のように引かれているけれど、画面には表示されないぞ

セーブをわすれないように

タートル・グラフィックス

タートルを動かそう！

タートルを動かすための関数を書く準備ができたよ。関数を定義してから、タートルにレインボー（にじ）をかかせるためのwhileループを作ろう！

たのむから、どいてよ！

10 線をかく関数

ステップ9で書いたソースコードと、ステップ5で書いたソースコードの間に、右下のように関数を加えるよ。この関数はタートルの向きを変えてから前進させ、ランダムな色の直線を1本かくためのものだ。メインのプログラムでは、この関数を何度も何度も呼び出してにじをかくよ。タートルがステップ9で引いた境界線から出そうになったら、やはりこの関数で引き戻すんだ。

▶ しくみ

まずペンの色をセットしてから、**ウィンドウ内判定()** 関数を呼び出し、タートルが境界線内にいるかをチェックするよ。OKならタートルを時計回りに0度（向きを変えない）から180度（真後ろに向く）の間でランダムに回転させてから前進させる。もし境界線から飛び出していたら、向きを変えずにバックさせるよ。

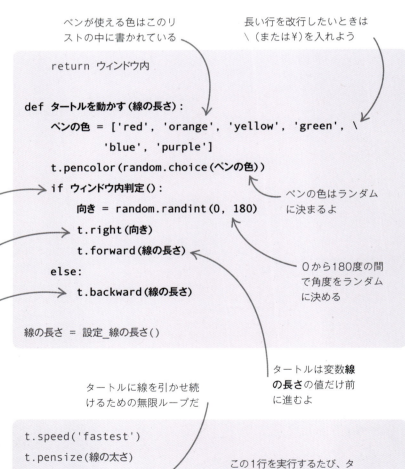

11 それ行けタートル！

あと少しソースコードに書き加えれば、ようやくタートルがにじをかけるようになるぞ。ステップ7で書いた命令のあとに右の2行を書けばいい。それからファイルをセーブしてプログラムを実行しよう。タートルの試運転だ。

改造してみよう

タートルは、きれいなにじをかいてくれたかな？ まだまだだって？ それなら、もっと変わったにじにするためのヒントを紹介するぞ。

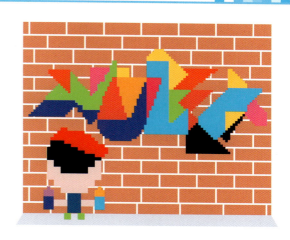

▼色でビックリ！

パイソンではRGB値というものを使って色を表せる。RGBとは赤(Red)、緑(Green)、青(Blue)の頭文字だね。この3色のまぜ方をランダムに決めれば、どんな色ができるか想像もつかないぞ。**タートルを動かす()**関数で色の名前を指定している部分を、RGB値を使うソースコードに変えてしまおう。どんな色ができるか実験だ！

この部分を書きかえて…

```
ペンの色 = ['red', 'orange', 'yellow', 'green', 'blue', 'purple']
t.pencolor(random.choice(ペンの色))
```

…この5行のようにするよ

```
t.colormode(255)
赤 = random.randint(0, 255)
緑 = random.randint(0, 255)
青 = random.randint(0, 255)
t.pencolor(赤, 緑, 青)
```

うまくなるヒント

RGBで決まる色

タートルに指示するとき「blue」としている色をRGB値で表すと(0, 0, 255)になる。青を最も多くして、赤と緑の色はまぜないという意味だ。ペンの色を指定するのにRGB値を使いたいときは、**t.colormode(255)**という命令を出しておこう。そうしないとRGB値を文字列とかんちがいされてエラーになるぞ。

最初の値は赤色の量を表している。値は0から255の間になるよ

```
t.pencolor(0, 0, 255)
```

2つ目の値は緑色の量だ　　3つ目は青色の量だね

```
t.pencolor('blue')
```

▼いろいろな太さの線

今は同じ太さの線しか引けないね。これではおもしろくないから、いろいろな太さの線が引けるように改造しよう。線の太さがランダムに決まるようにして、極細から極太まで、あらゆる太さの線が引かれるようにするぞ。**タートルを動かす()**関数の**t.pencolor()**の次の行に下の1行を書き入れよう。

```
t.pensize(random.randint(1,40))
```

▼足あとを残そう！

turtleモジュールの**stamp()**関数を使って、線と線がつながるところにカメのシルエットが残るようにしてみよう。線を引き始める場所に、タートルが自分のシルエットを残すんだ（**t.forward**や**t.backward**の代わりに使って、いくつものシルエットがつながった線を引く関数も作れるぞ）。**タートルを動かす( )**関数でペンの色をセットしている部分の次に、下のように3行書き加えればいいね。

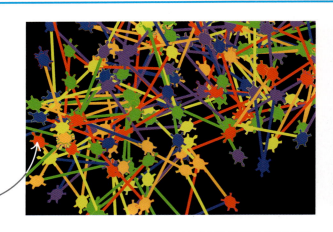

タートルのシルエットが、線同士をつないでいるようだね

```
def タートルを動かす(線の長さ):
    ペンの色 = ['red', 'orange', 'yellow', 'green', 'blue', 'purple']
    t.pencolor(random.choice(ペンの色))
    t.fillcolor(random.choice(ペンの色))
    t.shapesize(3, 3, 1)
    t.stamp()
    if ウィンドウ内判定():
```

画面にタートルのシルエットを残すようにする命令だ

いつもよりタートルを3倍大きくするよ

タートルをランダムに選んだ色でぬるぞ。線とちがう色かもしれないね

向きの変え方

タートルの向きの変え方をユーザーが選べるようにしよう。大きく向きを変えることも、ほぼ直角に向きを変えることも、少ししか向きを変えないようにすることもできるよ。ステップの順にソースコードを変えて、どうなるか見てみよう。

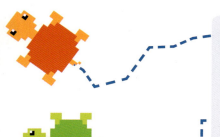

関数を作る

ステップ3で書いた**設定_線の長さ( )**関数の前に、ユーザーに向きの変え方を設定してもらう関数を書き加えるよ。

このように書いて、ユーザーに向きの変え方を選んでもらえるようにしよう

```
import turtle as t

def 設定_向きの変え方():
    向きの変え方 = input('向きの変え方を設定してください(大きい、直角、小さい): ')
    return 向きの変え方

def 設定_線の長さ():
```

2 動き方を変える

タートルを動かす( ) 関数をバージョンアップしてみよう。この関数に渡す引数に、変数**向きの変え方**を加えるんだ。それから、タートルが回転する角度を決めている「**向き = random.randint(0, 180)**」を、**向きの変え方**の設定にあわせて角度を決めるようにするよ。

```
def タートルを動かす(線の長さ，向きの変え方):
    ペンの色 = ['red', 'orange', 'yellow', 'green', \
           'blue', 'purple']
    t.pencolor(random.choice(ペンの色))
    if ウィンドウ内判定():
        if 向きの変え方 == '大きい':
            向き = random.randint(120, 150)
        elif 向きの変え方 == '直角':
            向き = random.randint(80, 90)
        else:
            向き = random.randint(20, 40)
        t.right(向き)
        t.forward(線の長さ)
    else:
        t.backward(線の長さ)
```

「直角」では80から90度の間で向きを変えるよ

小さく変えるときは20から40度の間になる

大きく変えるときは120から150度の間だ

3 ユーザーによる設定

次にプログラムのメインの部分に、**設定_向きの変え方( )** 関数を呼び出す行を追加しよう。これでユーザーが向きの変え方を選べるようになるよ。

```
線の長さ  = 設定_線の長さ()
線の太さ  = 設定_線の太さ()
向きの変え方 = 設定_向きの変え方()
```

4 メインプログラム

最後に、**タートルを動かす( )** 関数を呼び出している部分を、右のように書きかえよう。引数に**向きの変え方**が入っているね。

```
while True:
    タートルを動かす(線の長さ，向きの変え方)
```

短い、太い、小さい

ふつう、極太、直角

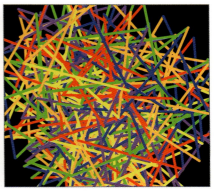
長い、細い、大きい

パイソンで遊んでみよう

カウントダウン・カレンダー

楽しみなイベントがあるとき、あと何日待てばいいのかわかると便利だね。このプロジェクトではパイソンのTkinterモジュールを使って、イベントの日までカウントダウンしていくプログラムを作ろう。

どのように動くのか

プログラムを実行するとイベントリストが表示され、それぞれの日まであと何日あるかを教えてくれる。翌日にもう一度実行すると、「残り日数」が1日だけ減っているよ。リストにイベントの日だけでなく宿題の提出日などを入れておけば、うっかり忘れるようなことはなくなるぞ！

今日は
わたしの誕生日よ！

```
tk

カウントダウン・カレンダー

ハロウィンまであと20日です。
期末試験まであと51日です。
校外授業まであと132日です。
誕生日まであと92日です。
```

タイトルは自由につけよう

プログラムを実行すると小さなウィンドウが開き、1行に1つずつイベントが表示される

カウントダウン・カレンダー 111

しくみ

プログラムはイベント情報をテキストファイルから得ている。ファイルから情報を得ることを「ファイルの読みこみ」というよ。このテキストファイルには、イベントの名前と日付が記録されている。現在からイベントまでの日数は**datetime**モジュールで計算し、計算結果は**Tkinter**モジュールで作ったウィンドウに表示されるんだ。

▼カウントダウン・カレンダーのフローチャート

このプロジェクトでは、イベントリストはプログラムの中ではなく、別のテキストファイルに作られる。プログラムはこのファイルから情報を読みこみ、すべてのイベントまでの日数を計算したら終了するよ。

▶モジュールを使う

Tkinterモジュールには、シェルウィンドウを使わずにグラフィックを表示したり、ユーザーに入力を求めたりするときに使えるツールが入っているよ。処理結果を表示する専用ウィンドウを自由に設計できるんだ。

キーワード

グラフィカルユーザーインターフェース

GUI（グラフィカルユーザーインターフェース）の例が、スマートフォンのアイコンやメニューだ。ユーザーがビジュアルな画面でコンピューターとやりとりできるしくみだね。パイソンの**Tkinter**モジュールには、ウィジェットと呼ばれる部品（ポップアップウィンドウ、ボタン、スライダー、メニューなど）を使うためのソースコードが入っていて、GUIを使った画面をすぐに作れるようになっているよ。

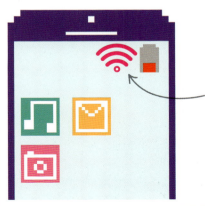

スマートフォンのGUIはアイコンを使って、Wi-Fiの電波の強さやバッテリーの残量を表示している

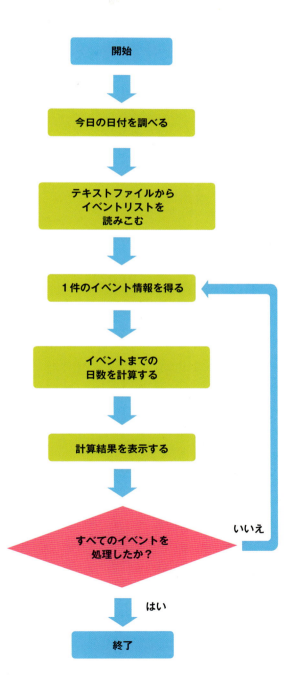

テキストファイルの読み書き

カウントダウン・カレンダーに必要な情報は、すべて1つのテキストファイルに入れておかなければならないよ。IDLEでテキストファイルを作ろう。

日付は年/月/日の順にして、年は西暦の下2ケタか和暦（平成30年なら30）を使おう。年月日とも、1ケタのときは頭に0を入れてね（1なら01にする）

 テキストファイルを作る
IDLEで新しいファイルを作り、これから先の大事なイベントを何件か入力しよう。1行に1つのイベントを入れ、イベントの名前と日付の間はカンマで区切るよ。カンマと日付の間にはスペースを入れないよう注意しよう。

```
イベント.txt

ハロウィン,18/10/31
期末試験,18/12/01
誕生日,19/01/11
校外授業,19/02/20
```

イベントの名前を最初に書こう

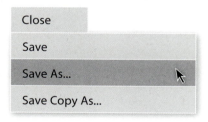

 **テキストファイルとしてセーブする**
イベントを入力したらセーブしよう。FileメニューからSave Asを選び、「イベント.txt」という名前でセーブだ。「ファイルの種類」でText filesを選べばいいね。

新しいプログラム用ファイルを作る
プログラミングのためのファイルも必要だ。「カウントダウン・カレンダー.py」という名前で作ろう。さっき作った「イベント.txt」と同じフォルダにセーブしてね。

 モジュールを組み入れる
このプロジェクトでは**Tkinter**と**datetime**という2つのモジュールを使うよ。**Tkinter**はかんたんなGUIを作るためのモジュールだ。**datetime**の方は日付の計算をかんたんにしてくれる。ソースコードの先頭2行に、右のように入力しよう。

```
from tkinter import Tk, Canvas
from datetime import date, datetime
```

Tkinterと**datetime**モジュールを組み入れよう

カウントダウン・カレンダー **113**

5 キャンバスの設定

ステップ3で書きこんだソースコードのあとに、下のように書き加えよう。最初の行は**Tkinter**のウィジェットのおおもとになる**root**を作っている。2行目では何も書かれていない長方形のキャンバスを**Canvas**ウィジェットで用意している。このキャンバスにテキストやグラフィックを表示するんだ。

> **キーワード**
> **キャンバス**
>
> **Tkinter**のcanvas（キャンバス）は、表示したりユーザーに操作してもらうための図形、グラフィック、テキスト、画像などを置けるエリアで、ふつうは長方形だ。画家が絵をかくキャンバスのようなものだね。でも筆で絵具をぬるのではなく、プログラミングして使うよ。

Tkinterで作ったウィンドウの中にキャンバスを配置するよ

TkinterでGUI用のウィンドウを作っている

縦横800ピクセルのキャンバスを作ってcというニックネームをつけるぞ

```
root = Tk()
c = Canvas(root, width=800, height=800, bg='black')
c.pack()
c.create_text(100, 50, anchor='w', fill='orange',\
    font='Arial 28 bold underline', text='カウントダウン・カレンダー')
```

キャンバスcにテキストを表示するよ。テキストはx=100、y=50の座標から書き始めるぞ。左から右へと横書きだ

6 実行してみる

それではプログラムを実行してみよう。プロジェクトのタイトルが表示されたウィンドウが現れるはずだ。もしうまくいかないときは、エラーメッセージをチェックし、ソースコードを見直してまちがいを探そう。

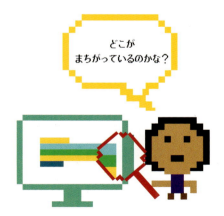

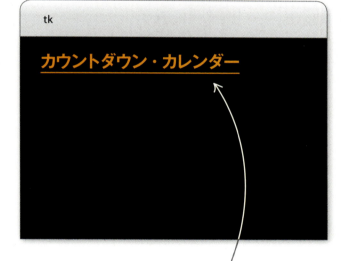

ソースコードの**c.create_text()**の行で色の指定を変えれば、文字色を他の色にできるよ

7 テキストファイルを読みこむ

今度は、テキストファイルに書かれているイベント情報をすべて読みこむ関数を作ろう。ソースコードの最初でモジュールを組み入れている部分に続けて、新しい関数**イベント読みこみ()**を定義するよ。この関数の中で、ファイルから読みこんだ情報を入れるための空のリストを作っているぞ。

```
from datetime import date, datetime
def イベント読みこみ():
    イベントリスト = []
root = Tk()
```

イベントリストという空のリストを作っている

8 テキストファイルを開く

ここでは、「イベント.txt」というファイルを開いて、プログラムで読めるようにするための命令を書くよ。ステップ7で書いたソースコードの下に1行書き足そう。

```
def イベント読みこみ():
    イベントリスト = []
    with open('イベント.txt', encoding='UTF-8') as ファイル:
```

この行でテキストファイルを開くぞ

9 ループを作る

forループを使って、テキストファイルからプログラムにイベント情報を読みこむぞ。「イベント.txt」の中の1行につき1回ずつ、ループの中の命令が実行されるようにするよ。

```
def イベント読みこみ():
    イベントリスト = []
    with open('イベント.txt', encoding='UTF-8') as ファイル:
        for データ行 in ファイル:
```

テキストファイルの1行につき1回、ループが実行される

10 見えないコードを取り去る

ステップ1でテキストファイルにイベント情報を入力したね。そのとき行の終わりごとにエンター（リターン）キーを押したはずだ。だからそれぞれの行の終わりには、「改行コード」というものがついているんだ。IDLEのエディタでは見えないけれど、パイソンはこのコードを読んでいるよ。下のようにソースコードを書き加えて、テキストファイルを読みこむときに改行コードを無視するようにしよう。

```
with open('イベント.txt', encoding='UTF-8') as ファイル:
    for データ行 in ファイル:
        データ行 = データ行.rstrip('\n')
```

各行の改行コードを取り去る

改行コードは「\n」（または¥n）と書けばいいよ

11 イベント情報を取りこむ

データ行という変数を作って、イベント情報を文字列として取りこむようにしよう。「ハロウィン,18/10/31」という感じだね。split()関数を使うと、文字列を2つに切ることができる。カンマの前と後を別のアイテムとして、リスト処理中イベントに入れられるぞ。ステップ10のソースコードに続けて下のように書き加えよう。

```
    for データ行 in ファイル:
        データ行 = データ行.rstrip('\n')
        処理中イベント = データ行.split(',')
```

カンマのところでイベント情報を2つに分けるよ

■.■ うまくなるヒント

datetimeモジュール

パイソンのdatetimeモジュールは、日付や時間についての計算が必要なときには便利なモジュールだ。例えば、自分が生まれた日が何曜日かわかるかな？ 右のようにシェルウィンドウに入力して調べてみよう。

誕生日の年、月、日をこのような書き方で入力しよう

```
>>> from datetime import *
>>> print(date(2007, 12, 4).weekday())
1
```

この数字が曜日を表しているよ。月曜日が0で日曜日が6だ。だから2007年12月4日は火曜日だね

覚えておこう

リスト内での位置

リスト内で番号をふるとき、パイソンは0から始めるんだ。リスト**処理中イベント**の中で「ハロウィン」の位置は0、2番目のアイテム「18/10/31」の位置は1になる。だから**処理中イベント[1]**を日付データにしているんだね。

ごめんなさい！
リストにないわ…

12 datetimeモジュールを使う

ハロウィンのイベント情報がリスト**処理中イベント**に、「ハロウィン」と「18/10/31」の2つのアイテムとして入ったよ。**datetime**モジュールを使って、2番目の（位置は1）アイテムの文字列「18/10/31」を、パイソンが日付のデータだと判断できる形に変えてあげよう。今作っている関数の最後に、下のように書きこむよ。

```
処理中イベント = データ行.split(',')
イベント日付 = datetime.strptime(処理中イベント[1], '%y/%m/%d').date()
処理中イベント[1] = イベント日付
```

誕生日の年、月、日をこのような書き方で入力しよう

リストの2番目の位置に、日付型になったデータをセットし直すぞ

13 リストにイベントを追加する

リスト**処理中イベント**には2種類のアイテムが入っているね。イベント名は文字列、日付は日付型のデータだ。新しい行を読んで、**イベントリスト**にイベント情報を追加していこう。下は**イベント読みこみ()**関数が完成したところだ。太字の部分を書き足すよ。

```
def イベント読みこみ():
    イベントリスト = []
    with open('イベント.txt', encoding='UTF-8') as ファイル:
        for データ行 in ファイル:
            データ行 = データ行.rstrip('\n')
            処理中イベント = データ行.split(',')
            イベント日付 = datetime.strptime(処理中イベント[1], '%y/%m/%d').date()
            処理中イベント[1] = イベント日付
            イベントリスト.append(処理中イベント)
    return イベントリスト
```

この行を実行してからプログラムはループの先頭に戻り、ファイルから次の行を読みこむよ

ファイルのすべての行を読みこんで処理してから、関数は完成したイベントリストを戻り値としてメインのプログラムに返すぞ

カウントダウン情報をセットする

次の段階として、今日（つまりプログラムを実行している日だね）からイベントまでの日数を計算する関数を作ろう。タイトルと同じように、**Tkinter**モジュールで作ったキャンバスに計算結果を表示するよ。

14 日数を数える

2つの日付の間の日数を数える関数を定義しよう。**datetime**モジュールで日付の足し算引き算ができるので、関数がかんたんに作れる。**イベント読みこみ( )**関数の下に、右のように入力しよう。変数**日数_計算結果**に、2つの日付の間の日数を文字列の形で代入するよ。

```
def 日数計算(日付1，日付2):
    日数_計算結果 = str(日付1 - 日付2)
```

2つの日付を引数にしているね

この変数に計算結果を文字列で代入する

日付同士の引き算をして、日数を計算しているよ

15 文字列を切り分ける

もしハロウィンが27日後だとすると、**日数_計算結果**には「27days, 0:00:00」（0の部分は前から時、分、秒だよ）という文字列が入っている。使いたいのは先頭の数字2ケタだけだから、**split( )**関数で必要な部分だけ切り出そう。下の太字の部分をステップ14のソースコードのあとに入力しよう。さっきの文字列なら、「27」「days」「0:00:00」の3つに切り分けて、リスト**日数_表示用**に入れるよ。

```
def 日数計算(日付1，日付2):
    日数_計算結果 = str(日付1 - 日付2)
    日数_表示用 = 日数_計算結果.split(' ')
```

今度は、スペースを境にして切り分けているね

16 日数を戻り値にする

リスト**日数_表示用**の0番の位置にあるアイテムを戻り値として返すようにすれば、関数の定義は終了だ。さっきのハロウィンの例なら文字列の「27」が戻り値になるぞ。右の太字の行を書き加えよう。

```
def 日数計算(日付1，日付2):
    日数_計算結果 = str(日付1 - 日付2)
    日数_表示用 = 日数_計算結果.split(' ')
    return 日数_表示用[0]
```

2つの日付の間の日数は、このリストの0番の位置に入っている

カウントダウン・カレンダー

17 イベント情報を読みこむ

必要な関数はすべてできたから、今度はプログラムのメインになる部分に手をつけよう。作った関数を呼び出して使うぞ。ソースコードの一番下に次の太字の部分を加えてね。最初の行は**関数イベント読みこみ()** を呼び出して、リスト**全イベント**にイベント情報をセットしている。2行目は**datetime**モジュールで現在の日付を調べ、変数**現在日**に代入するんだ。

ソースコードで1行が長くなってしまった場合、\（または¥）を入れて改行すれば次の行に続きを書けるよ

セーブを
わすれないように

```
c.create_text(100, 50, anchor='w', fill='orange',\
   font='Arial 28 bold underline', text='カウントダウン・カレンダー')

全イベント = イベント読みこみ()
現在日 = date.today()
```

18 結果を表示する

それぞれのイベントまでの残り日数を計算して、ウィンドウに表示できるようにしよう。**for**ループを使い、リストのイベントごとに処理を行っていくよ。**日数計算()** 関数を呼び出して、計算結果は変数**残り日数**に代入だ。それから**Tkinter**モジュールの**create_text()** 関数を利用して画面に処理結果を表示するよ。ステップ17で書いたソースコードに続けて書いてね。

リスト**全イベント**内のイベントごとに実行される

イベント名を取り出そう

今日からイベントの日までの日数を計算するには、**日数計算()** 関数を使おう

この行で、画面に表示するための文字列を組み立てているぞ

最後に\（または¥）を入れて、2行にわけて書いているね

表示用の文字列は座標（100, 100）から書き始めるぞ

```
for 各イベント in 全イベント:
    イベント名 = 各イベント[0]
    残り日数 = 日数計算(各イベント[1], 現在日)
    メッセージ = '%s まであと %s 日です.' % (イベント名, 残り日数)
    c.create_text(100, 100, anchor='w', fill='lightblue',\
                  font='Arial 28 bold', text=メッセージ)
```

19 プログラムを試してみる

プログラムを実行してみよう。イベント情報がすべて重なって表示されてしまうはずだ。何がいけなかったかわかるかな？ どうすればいいだろう？

パイソンで遊んでみよう

20 改行して表示する

すべての文字列を(100, 100)という座標から表示したのがまちがいだったよ。**行位置**という変数を作って、forループが1回実行されるごとに値を増やしていこう。この**行位置**をy座標にして文字列の表示位置を変えていけば、1行ごとに表示位置が下にずれていくよ。これで問題は解決だね。

> **カウントダウン・カレンダー**
>
> ハロウィンまであと26日です。
> 期末試験まであと57日です
> 校外授業まであと138日です。
> 誕生日まであと98日です。

```
行位置 = 100

for 各イベント in 全イベント:
    イベント名 = 各イベント[0]
    残り日数 = 日数計算(各イベント[1], 現在日)
    メッセージ = '%s まであと %s 日です.' % (イベント名, 残り日数)
    c.create_text(100, 行位置, anchor='w', fill='lightblue',\
                  font='Arial 28 bold', text=メッセージ)

    行位置 = 行位置 + 30
```

 カウントダウンをしよう
これでカウントダウン・カレンダーのソースコードは完成だ。プログラムを実行して、うまく動くか見てみよう。

改造してみよう

カウントダウン・カレンダーを改造してもっと便利にしてみよう。むずかしい改造の場合のヒントも書いてあるよ。

▶ **キャンバスの色を変えてみる**
キャンバスの背景色を変えたり、ウィンドウをもっと明るい感じにすることもできる。**c=Canvas～**の行で引数を変えてみよう。

```
c = Canvas(root, width=800, height=800, bg='green')
```

この部分をちがう色に指定すれば、背景色を変えられるよ

▶並びかえだ！

イベントが日付順に並ぶようにできるぞ。forループの前に右のようにソースコードを書き加えて、**sort()**関数でイベント情報を日付順に並べ直すんだ。これで最も早い日付からおそい日付へとイベントが並ぶね。

```
行位置 = 100
全イベント.sort(key=lambda x: x[1])
for 各イベント in 全イベント:
```

並び方はイベント名ではなく日付の順だよ

▼タイトルの見え方を変える

タイトルで使う文字のサイズ、色、フォントを変えると、印象がガラッと変わるぞ。

```
c.create_text(100, 50, anchor='w', fill='pink', font='Courier 36 bold underline', \
              text='私のスケジュール')
```

好きな色を選ぼう

タイトルも変えてしまおう

フォントも変えられる。Courierを使ってみてはどうかな？

▼注意のメッセージを出す

予定の日が近づいたイベントは、何か目立つ表示になるといいね。来週のイベントは赤い字で表示されるようにしてみよう。

```
for 各イベント in 全イベント:
    イベント名 = 各イベント[0]
    残り日数 = 日数計算(各イベント[1], 現在日)
    メッセージ = '%s まであと %s 日です.' % (イベント名, 残り日数)
    if(int(残り日数) <= 7):
        文字色 = 'red'
    else:
        文字色 = 'lightblue'
    c.create_text(100, 行位置, anchor='w', fill=文字色, \
                  font='Arial 28 bold', text=メッセージ)
```

「<=」という記号は「〜以下」という意味だね

変数**文字色**の指定にあわせて色が変わるよ

int()関数は文字列を整数に変える。「5」という文字列を5という数にするんだ

エキスパートシステム

世界の国々の首都の名前をすらすら言えたり、お気に入りのスポーツチームの選手の名前をすべて覚えている人がいる。こんなふうに、特定のことをよく知っている人（エキスパート）は、世の中にはけっこういるものだ。このプロジェクトでは、ユーザーの質問に答えるだけでなく、新しい知識を学んでエキスパートに育っていくプログラムを作ってみよう。

どのように動くのか

入力ダイアログ（入力ダイアログボックス）を表示して、ユーザーに国の名前を入力してもらう。するとプログラムがその国の首都を答えるんだ。もしプログラムが知らなければ、ユーザーに正しい答えを聞いてくるよ。このプログラムを使うユーザーが多いほど、プログラムは知識を増やしていくよ。

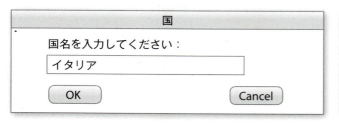
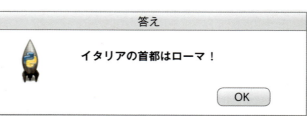

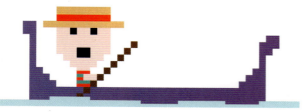
国名を入力しよう

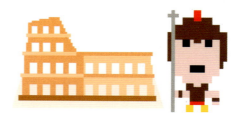
答えを知らない場合、プログラムはユーザーに教えてほしいとたのんでくるよ

エキスパートシステム 121

しくみ

プログラムは首都の情報をテキストファイルから読みこむよ。**Tkinter**モジュールを使ってポップアップウィンドウを作り、プログラムとユーザーがやりとりできるようにしよう。ユーザーが新しい首都の情報を入力したら、テキストファイルに書きこむぞ。

▲辞書（ディクショナリ）

このプログラムでは、国名と首都名は1つの辞書（ディクショナリ）にまとめておくよ。辞書はリストとにた働きをするけれど、中のアイテムはどれも「キー（鍵）」と「値」の2つの部分からなっているんだ。大きなリストからアイテムをさがすよりも、辞書からさがした方が速い場合が多いね。

▶コミュニケーション

Tkinterの新しいウィジェットを2つ使うぞ。1つはユーザーに国名を入力してもらうための入力ダイアログを表示する**simpledialog()**。もう1つは首都名を表示するのに使う**messagebox()**だ。

▼エキスパートシステムのフローチャート

プログラムはまずテキストファイルからデータを読みこむ。それから無限ループに入ってユーザーに質問をし続けるよ。ユーザーが止めないと、プログラムは動いたままだ。

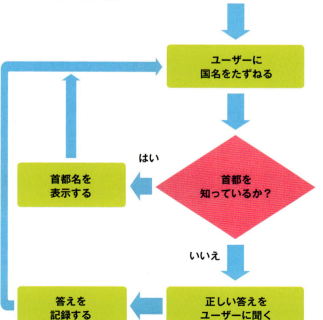

キーワード

エキスパートシステム

エキスパートシステムは、特定のことについてよく知っているプログラムのことだ。人間のエキスパート（専門家）と同じように、さまざまな質問に答えられるし、判断をしたりアドバイスをすることもできる。このようなことができるのは、プログラマーが必要なデータをそろえ、そのデータを使いこなすためのルールをプログラミングしておくからだよ。

▲自動車のしん断システム

自動車メーカーでは、それぞれの自動車についてよく知っているしん断システムを作っているよ。もし自動車が故障したら、整備士はこのシステムを利用して問題を解決するんだ。大勢の専門家が自動車を調べてくれるようなものだね。

最初のステップ

ステップどおりにプログラミングして、君だけのエキスパートシステムを作ろう。まず国名と首都名を書いたテキストファイルを用意し、**Tkinter**でウィンドウを作る。首都についての知識を記録するための辞書も作るぞ。

1 テキストファイルを用意する

世界の国々の首都を記録するためのテキストファイルを作るよ。IDLEを起動して新しいファイルを作り、右のようなリストを入力しよう。

```
Untitled.txt

インド/ニューデリー
中国/北京
フランス/パリ
アルゼンチン/ブエノスアイレス
エジプト/カイロ
```

国 → / ← 首都

スラッシュ（/）記号は国名と首都名をわけるのに使うぞ。必ず半角で入力しよう

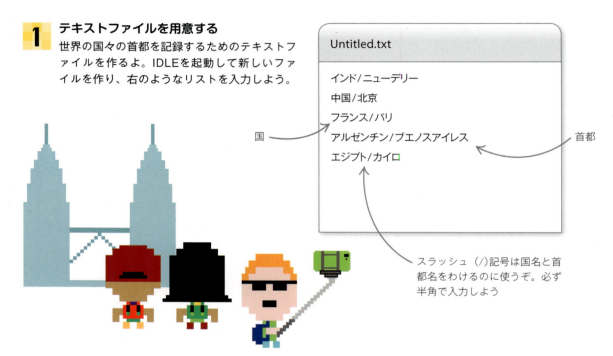

2 テキストファイルをセーブする

ファイルは「首都データ.txt」という名前でセーブしてね。プログラムは、エキスパートシステムに必要なデータ（知識）をこのファイルから読みこむんだ。

ファイルの拡張子は.pyではなく.txtになるぞ

```
名前を付けて保存

ファイル名(N):  首都データ.txt
ファイルの種類(T):
保存する場所(I):

          キャンセル   保存(S)
```

3 パイソンのファイルを作る

プログラミングをするために新しいファイルを作って「エキスパートシステム.py」という名前でセーブしよう。さっき作ったテキストファイルと同じフォルダにセーブしてね。

あなたはエキスパートですか？

エキスパートシステム **123**

4 Tkinterのツールを組み入れる

このプログラムでは**Tkinter**モジュールのウィジェットを使わなければならないぞ。ソースコードの先頭に下のように書いて、ツールを使えるようにしよう。

Tkinterモジュールからこの2つのウィジェットを組み入れよう

```
from tkinter import Tk, simpledialog, messagebox
```

5 Tkinterを使う

次のようにソースコードを書きこみ、シェルウィンドウにプロジェクトのタイトルが表示されるようにしよう。**Tkinter**は自動的に空のウィンドウを作ってくれるけれど、そのウィンドウはこのプロジェクトでは使わないぞ。かくしてしまうようソースコードに書いておこう。

```
print('エキスパートシステムに聞いてみよう　世界の国々の首都')
root = Tk()
root.withdraw()
```

Tkinterが作ったウィンドウをかくしてしまう

この行が実行されるときTkinterが空のウィンドウを作る

ただいまテスト中！

6 動かしてみる

試しにプログラムを動かしてみよう。シェルウィンドウにタイトルが表示されるはずだね。

7 辞書を作る

ステップ5で書いたソースコードに続けて、右のソースコードを入力しよう。これで国名と首都名を記録しておく辞書ができるよ。

世界という名前の辞書を作るぞ

```
世界 = {}
```

必ず{ }（波かっこと呼ぶよ）を使おう

ここにすべて集めておこう

124　パイソンで遊んでみよう

うまくなるヒント

辞書（ディクショナリ）を使う

パイソンでは、情報をためておくのに辞書を使う方法もあるんだ。リストとにているけれども、それぞれのアイテムがキー（鍵）と値を持つという点がちがうぞ。シェルウィンドウに下のソースコードを入力して、いろいろ試してみよう。

これがキーだ　　こちらが値だね

好きな食べ物 = {'サイモン': 'ピザ', 'ジル': 'パンケーキ', 'ロジャー': 'カスタード'}

キーのすぐあとにコロンを入れるよ　　アイテムごとの区切りにはカンマを使おう　　辞書のアイテムをくくるのは波かっこだよ

1．辞書の中身を見たいなら **print( )** 関数を使うか、「好きな食べ物」とだけ入力してみよう。

print(好きな食べ物)

↑シェルウィンドウにこのように入力してエンター（リターン）キーを押そう

2．辞書にアイテムを追加してみよう。ジュリーと彼女の好きな食べ物だ。ビスケットが好きだと言っているよ。

好きな食べ物['ジュリー'] = 'ビスケット'

キー　　値

3．ジルの好みが変わったよ。今はタコスがお気に入りだそうだ。辞書の情報を新しくしよう（更新しよう）。

好きな食べ物['ジル'] = 'タコス'

新しく書き直した値だね

4．最後に、ロジャーの好きな食べ物を調べてみよう。「ロジャー」をキーにすればいいね。

print(好きな食べ物['ロジャー'])

キーを使って値を調べよう

関数を作ろう！

次に、プログラムに必要な関数を定義していこう。

そんな服を着る必要があるの？

8　ファイルの読みこみ

テキストファイルの情報をすべて読みこむための関数が必要だね。カウントダウン・カレンダーで、イベント.txtのファイルからデータを読みこんだときと同じような処理だ。**Tkinter** を組み入れた行のあとに、下の太線部分を追加しよう。

```
from tkinter import Tk, simpledialog, messagebox

def ファイル読みこみ():
    with open('首都データ.txt', encoding='UTF-8') as ファイル:
```

テキストファイルを開いているよ

9 1行ずつ読みこむ

forループを使ってファイルを1行ずつ読んでいくようにするよ。カウントダウン・カレンダーでもやったように、表示されない改行コードは取り去ってしまおう。それから国名と首都名を2つの変数に代入するぞ。文字列を分ける関数を使えば戻り値が2つ返ってくるので、この2つの値を2つの変数に同時に代入できるよ。

```
def ファイル読みこみ():
    with open('首都データ.txt', encoding='UTF-8') as ファイル:
        for データ行 in ファイル:
            データ行 = データ行.rstrip('\n')
            国, 都市 = データ行.split('/')
```

← 改行コードを取り去っている

「/」よりも前の文字列を変数**国**に代入する

「/」よりもあとの文字列を変数**都市**に代入する

「/」の記号のところで、データ行を2つに分けている

10 データを辞書に入れる

これで、変数**国**と**都市**には、辞書に入れたいデータが代入されていることになる。サンプルデータの1行目なら、**国**には「インド」、**都市**には「ニューデリー」が入っているというわけだ。下の太字のソースコードを加えて、このデータを辞書に入れてしまおう。

```
def ファイル読みこみ():
    with open('首都データ.txt', encoding='UTF-8') as ファイル:
        for データ行 in ファイル:
            データ行 = データ行.rstrip('\n')
            国, 都市 = データ行.split('/')
            世界[国] = 都市
```

こちらが値になる

こちらがキーになるね

11 ファイルに書きこむ

ユーザーが入力した国の首都をプログラムが知らなかった場合は、テキストファイルに新しい国名と首都名を追加できるようにしよう。「ファイル出力」という機能を使うよ。入力とやり方はにているけれど、読みこむのではなく書きこむんだ。ステップ10で書いたソースコードに続けて、ファイル出力のための関数を定義するよ。

```
def ファイル書きこみ(国名, 都市名):
    with open('首都データ.txt', 'a', encoding='UTF-8') as ファイル:
```

テキストファイルに新しい国名と首都名を追加する関数だ

このaはappend（付け加える）の頭文字で、ファイルの最後に新しい情報を追加するよう指示しているよ

126 パイソンで遊んでみよう

12 ファイルの読みこみ

今度は、新しい情報をファイルに追加するための行を書こう。国名、「/」の記号、都市名と並べて、例えば「エジプト/カイロ」のようにする。そしてこの文字列の最後に改行コードを追加して、データの行が変わるようにするんだ。ファイルへの書きこみが終わると、パイソンが自動的にファイルを閉じてくれるよ。

> ファイルはボクがしっかり守るよ！

```
def ファイル書きこみ(国名, 都市名):
    with open('首都データ.txt', 'a', encoding='UTF-8') as ファイル:
        ファイル.write(国名 + '/' + 都市名 + '\n')
```

メインのプログラムを書く

必要な関数はすべてそろったよ。メインのプログラムを書いていこう。

13 テキストファイルを読みこむ

まずプログラムにやらせることは、テキストファイルから情報を読みこむことだね。ステップ7で書いたソースコードに続けて、右の1行を書き足そう。

> ファイル読みこみ( )関数を実行する

```
ファイル読みこみ()
```

14 無限ループ

下のソースコードを追加して、無限ループを作ろう。ループの中では**Tkinter**モジュールの**simpledialog.askstring( )**関数が実行される。この関数が画面に表示する入力ダイアログには、ユーザー向けの情報とともに、ユーザーが入力するための「入力らん」が用意されているよ。もう一度プログラムを実行してみよう。入力ダイアログが現れて国名を入力するよう求めてくるはずだ。もしかしたら、他のウィンドウのかげにかくれて表示されるかもしれないから注意しよう。

> simpledialog.askstring( )
> 関数で作られた入力ダイアログ

国

国名を入力してください：

[   ]

(OK)   (Cancel)

> ユーザーに指示するためのメッセージだ

```
ファイル読みこみ()

while True:
    問い_国 = simpledialog.askstring('国', '国名を入力してください:')
```

> ユーザーが入力した情報は変数に代入される

> 入力ダイアログのタイトルだね

エキスパートシステム **127**

15 答えを知ってる？

if文を使って、プログラムが答えを知っているかチェックするぞ。具体的には、ユーザーが入力した国名とその首都名が、辞書の中にあるかどうかを見るんだ。

```
while True:
    問い_国 = simpledialog.askstring('国', '国名を入力してください:')

    if 問い_国 in 世界:
```

ユーザーが入力した国名が辞書**世界**にあれば**True**を返すよ

16 正解を表示する

国名が辞書**世界**に入っていたら、辞書から正しい答えを取り出して画面に表示しよう。そのために**Tkinter**モジュールの**messagebox.showinfo()**関数を使うぞ。メッセージとOKボタンを表示する関数だ。**if**文の中に下のように書きこもう。

問い_国をキーにして辞書から答えの値を引き出しているよ

```
    if 問い_国 in 世界:
        結果 = 世界[問い_国]
        messagebox.showinfo('答え',
                問い_国 + 'の首都は' + 結果 + '!')
```

メッセージボックスのタイトルだ

この変数に答え（辞書から取り出した値）が入る

このメッセージはメッセージボックス内に表示されるよ

セーブをわすれないように

17 実行してみよう

バグがないかチェックするのにちょうどいいタイミングだ。プログラムが国名をたずねてきたら、「フランス」と入力して正しい答えが返ってくるか見てみよう。もしちがっていたらソースコードを見直して、どこがいけなかったか調べるんだ。それから、テキストファイルにない国名も入力してみよう。プログラムはどのように反応するだろうか？

パイソンで遊んでみよう

18 プログラムに教える

いよいよ最終段階だ。**if**文のあとに少し行を足すよ。ユーザーが入力した国名が辞書にない場合、ユーザーにその国の首都を入力してもらうようにするんだ。この国名と都市名は辞書に加えられるので、次にユーザーがその国名を入力すれば、プログラムはちゃんと答えるぞ。**ファイル書きこみ( )** 関数を使って、新しい国名と都市名をテキストファイルにも書いておこう。

```
if 問い_国 in 世界:
    結果 = 世界[問い_国]
    messagebox.showinfo('答え',
                    問い_国 + 'の首都は' + 結果 + '!')
else:
    新しい都市 = simpledialog.askstring('教えて',
                    問い_国 + 'の首都は知りません。どこですか?')
    世界[問い_国] = 新しい都市
    ファイル書きこみ(問い_国, 新しい都市)

root.mainloop()
```

→ ユーザーに首都名を入力してもらい、**新しい都市**に代入する

→ **問い_国**をキー、**新しい都市**を値として辞書に書き加えるよ

→ 新しい国名と首都名をテキストファイルに書きこみ、プログラムの知識を増やすよ

19 エキスパートシステムを実行する

さあ、これでエキスパートシステムの完成だ！ プログラムを実行して、いろいろたずねてみよう。

改造してみよう

ここで紹介するヒントをもとに、エキスパートシステムをさらに育ててみよう。

▶ 知識を増やす

テキストファイルに世界中のいろんな国名と首都名を入力して、エキスパートシステムをもっとかしこくしよう。1行ごとに「国名/首都名」という並びになるよう気をつけてね。

エキスパートシステム **129**

▼大文字と小文字

国名と首都名のデータが英語の場合、ユーザーが先頭の文字を大文字にし忘れて入力したら、プログラムは辞書から首都を見つけられないよ。プログラミングで解決してみよう！下に書いてあるのは1つの方法だ。

```
問い_国 = simpledialog.askstring('国', '国名を入力してください:')
問い_国 = 問い_国.capitalize()
```

文字列の第1文字目を大文字にする関数だよ

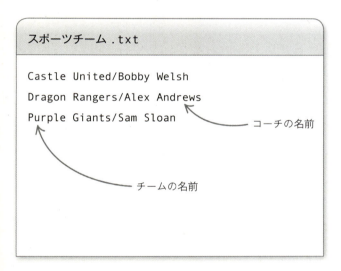

スポーツチーム.txt

Castle United/Bobby Welsh
Dragon Rangers/Alex Andrews
Purple Giants/Sam Sloan

コーチの名前
チームの名前

◀ちがう種類のデータ

今のところプログラムは世界の国々の首都しか知らないよ。でもテキストファイルに記録されている情報を変えれば、他のことについてもくわしくなるぞ。君がよく知っていることを覚えさせてみよう。例えば海外の有名なスポーツチームとコーチの名前だ。

▶入力データの確認

新しい国名と首都名をユーザーが入力したとき、今はそのままテキストファイルに追加している。これだと新しいデータが正しいかチェックするのはむずかしいね。ソースコードを改造して、追加したデータはいったん別のファイルに入れるようにしよう。あとで追加データをもう一度チェックしてから、メインのテキストファイルに移せばいい。やり方を書いておくよ。

```
def ファイル書きこみ(国名, 都市名):
    with open('追加データ.txt', 'a', encoding='UTF-8') as ファイル:
        ファイル.write(国名 + '/' + 都市名 + '\n')
```

この行では、新しいデータを**追加データ.txt**という別のテキストファイルに書きこんでいるよ

これでばっちりだ！

ひみつのメッセージ

友だちと暗号を使ってメッセージをやりとりしよう。メッセージを暗号化して、その暗号のしくみを知らない人たちには読めないようにするんだ。

キーワード

暗号

英語のクリプトグラフィー（暗号）ということばは、古代ギリシア語の「隠す」と「書く」という意味のことばから作られたんだ。ひみつのメッセージを送る手段として、暗号はおよそ4000年前から使われている。よく使われる言葉を紹介しよう。

暗号：メッセージを一定のルールで別の文字列にして、正しい意味をわからなくする方法。また、それによってできた文字列
暗号化：メッセージを暗号文（暗号）にすること
復号：暗号文を平文にすること。復号化とは言わないよ
暗号文：暗号化されたあとのメッセージ
平文：暗号化される前のメッセージ

どのように動くのか

このプログラムは、まずメッセージを暗号化したいのか、それとも暗号化されているメッセージを読めるようにする（復号する）のかをたずねる。それから、メッセージを入力するよう求めてくるよ。暗号化を選んでいる場合は、ちんぷんかんぷんな文字列が表示される。復号を選んでいる場合は、意味のわからない文字列がきちんとしたメッセージになるぞ。

▶ **プログラムを共有する**
ソースコードを友だちと共有すれば、ひみつのメッセージをやりとりできるぞ。

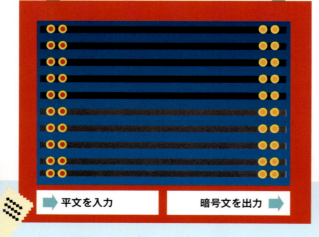

ひみつのメッセージ **131**

しくみ

このプログラムは、メッセージの文字の並び順を入れかえて、意味がわからないようにしてしまう。まずどの文字が偶数番目で、どの文字が奇数番目かを調べる。そして先頭から2文字ずつのペアを作って、それぞれのペアで順番を入れかえていくんだ。復号のときは、これと逆の操作をして最初のメッセージに戻すよ。

文字をまぜこぜにしてしまおう！

パイソンは少し変わっていて、最初を0番目として数え始める。だから先頭の文字は0番目で偶数番目あつかいになるよ

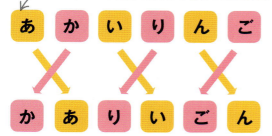

▲暗号化
プログラムを実行すると、メッセージの文字を2つ1組にして位置を入れかえ、読めなくしてしまうよ。

▲復号
暗号化されたメッセージを復号するときは、プログラムは文字をもとの位置に戻していくよ。

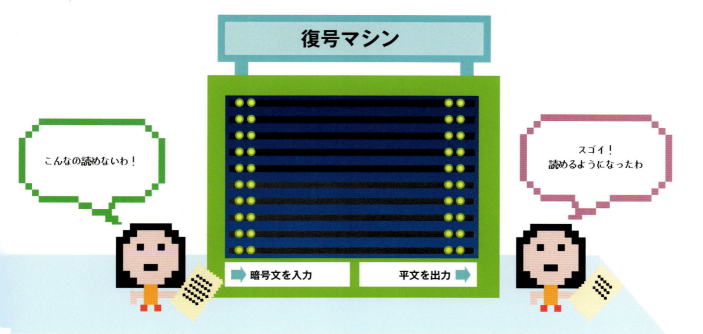

132 パイソンで遊んでみよう

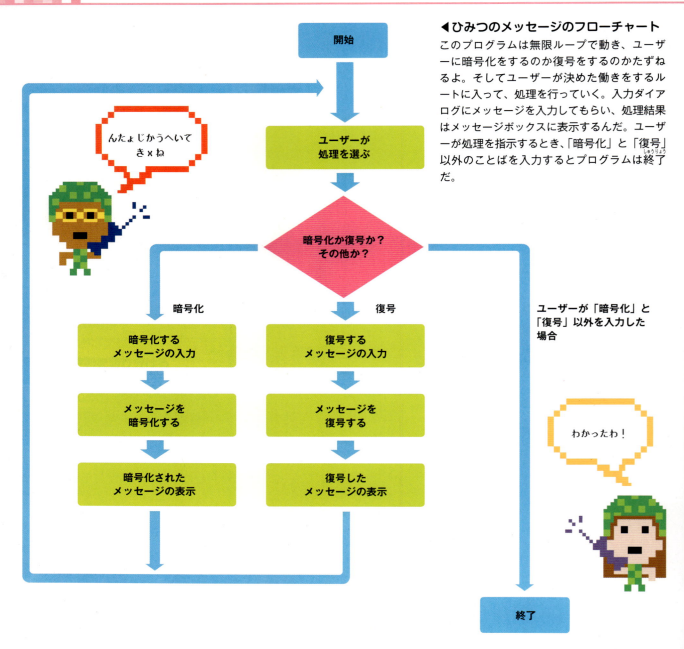

◂ひみつのメッセージのフローチャート
このプログラムは無限ループで動き、ユーザーに暗号化をするのか復号をするのかたずねるよ。そしてユーザーが決めた働きをするルートに入って、処理を行っていく。入力ダイアログにメッセージを入力してもらい、処理結果はメッセージボックスに表示するんだ。ユーザーが処理を指示するとき、「暗号化」と「復号」以外のことばを入力するとプログラムは終了だ。

▶ 捨字の「x」
このプログラムでは、メッセージの字数が偶数でなければならない。そこでメッセージの字数が奇数なら、最後に「x」が自動的に追加されて偶数になるんだ。このプログラムを使う人はなぜxがついているか知っているから、とまどうことはないね。

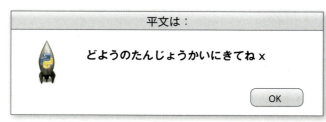

グラフィカルユーザーインターフェース（GUI）

このプログラムは2段階で作っていくよ。最初に、ユーザーの入力を受け取る関数をいくつか定義して、次に暗号化と復号を行う部分のソースコードを書いていく。明日にでも、友だちとひみつのメッセージをやりとりすることになるかもしれないぞ！　すぐにプログラミングを始めよう。

1 新しいファイルを作る

IDLEを起動して新しいファイルを作り、「ひみつのメッセージ.py」という名前でセーブしよう。

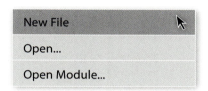

2 モジュールを組み入れる

Tkinterモジュールからウィジェットを組み入れるよ。**messagebox**はユーザーに情報を表示し、**simpledialog**はユーザーに質問をするんだ。これらのウィジェットでGUIを作ろう。ソースコードの先頭に下のように入力してね。

```
from tkinter import messagebox, simpledialog, Tk
```

3 暗号化？それとも復号？

処理選択( ) という新しい関数を定義しよう。入力ダイアログを表示して、暗号化するのか復号するのかを、ユーザーに入力してもらうんだ。ステップ2で書いたソースコードに続けて、下のように書いていこう。

```
def 処理選択():
    処理 = simpledialog.askstring('処理', '暗号化しますか復号しますか?')
    return 処理
```

ユーザーに「暗号化」か「復号」を入力してもらい、その回答を変数**処理**に代入するよ

この部分の文字列が、入力ダイアログのタイトルになるぞ

処理に入れられた値を、関数を呼び出したメインのプログラムに返す

4 メッセージの入力

今度は**メッセージ入力( )** という関数を定義しよう。入力ダイアログを開き、ユーザーに暗号化（復号）したいメッセージを入力してもらうんだ。ステップ3で関数を定義したあとに、下のソースコードを打ちこもう。

```
def メッセージ入力():
    メッセージ = simpledialog.askstring('メッセージ', 'ひみつのメッセージを入力してください:')
    return メッセージ
```

ユーザーに処理するメッセージを入力してもらい、変数**メッセージ**に代入するよ

変数**メッセージ**に入っている文字列を、この関数を呼び出したメインのプログラムに返すぞ

5 Tkinterを使う

右の命令は**Tkinter**を使い始めるためのものだ。**Tkinter**はすぐにウィンドウを1つ開くぞ。ステップ4で作った関数の下に書き加えよう。

```
root = Tk()
```

Tkinterのウィンドウを消したいなら、「エキスパートシステム」のときと同じように root.withdraw と書いておこう

6 ループを作る

ユーザーに入力してもらうための関数がそろったね。次に、関数を正しい順番で呼び出す**while**ループを作ろう。無限ループになっているぞ。下のソースコードを、ステップ5で書いたソースコードの下に書きこもう。

```
while True:
    処理 = 処理選択()
    if 処理 == '暗号化':
        メッセージ = メッセージ入力()
        messagebox.showinfo('暗号化するメッセージは:', メッセージ)
    elif 処理 == '復号':
        メッセージ = メッセージ入力()
        messagebox.showinfo('復号するメッセージは:', メッセージ)
    else:
        break
root.mainloop()
```

- ユーザーがどの処理をしたがっているか調べるぞ
- 暗号化するためのメッセージを入力してもらう
- メッセージをメッセージボックスで表示する
- 復号する暗号文を入力してもらう
- 暗号文をメッセージボックスで表示する
- ユーザーが「暗号化」と「復号」以外を入力した場合はループを止める
- Tkinterは動かし続けるよ

7 プログラムを実行してみる

プログラムをテストしてみよう。最初に入力ダイアログが表示され、暗号化か復号かを選ぶよう求めてくるはずだね。処理を選ぶと、ひみつのメッセージを入力するための入力ダイアログが開く。そして最後に、入力したひみつのメッセージがメッセージボックスで表示されるはずだ。もしうまく動かないなら、どこに問題があるか調べよう。

実行したい処理をここに入力する

処理
暗号化しますか復号しますか？
暗号化
[OK] [Cancel]

入力ダイアログが見つからないときは、エディタウィンドウやシェルウィンドウのうしろを見てみよう

メッセージ
ひみつのメッセージを入力してください：
ちょこれーとはそふぁのした
[OK] [Cancel]

ひみつのメッセージはここに入力する

漢字やカタカナをまぜて使うと解読されやすくなるよ

暗号化するメッセージは：
ちょこれーとはそふぁのした
[OK]

OKボタンを押す前に、メッセージが正しく表示されているかチェックしよう

文字をごちゃまぜにしよう！

GUIがうまく作れたら、ひみつのメッセージを暗号化したり復号する部分のソースコードを書いていこう。

8 偶数？

メッセージの文字数が偶数かどうかを調べる関数が必要だ。この関数では割り算の余りを計算するモジュロ演算子（%）を使うことになる。「（調べたい数）% 2 == 0」という論理式を使うよ。2で割り切れて余りが0だと、論理式はTrueになり偶数だとわかるね。ステップ2で書いたソースコードに続けて、関数を定義しよう。

```
def 偶数チェック(数):
    return 数 % 2 == 0
```

TrueかFalseを返すよ

偶数ならこの論理式はTrueになる

うまくなるヒント

モジュロ演算子（%）

2つの数の間にモジュロ演算子（%）を入れると、パイソンは最初の数を2番目の数で割った余りを教えてくれる。4%2なら0、5%2なら1だね。シェルウィンドウにこの2つの例を入力して、どうなるか試してみよう。

9 偶数番目の文字

このステップでは、メッセージから偶数番目の文字を取り出してリストに入れる関数を作るよ。**range**で指定して、**for**ループを0から**len(メッセージ)**の間で実行するから、メッセージのすべての文字をチェックすることになるね。ステップ8のあとに、この関数の定義を書こう。

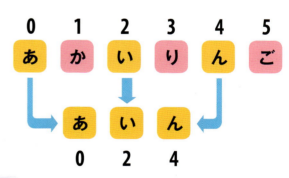

```
def 偶数番目の文字取得(メッセージ):
    偶数番目文字 = []
    for カウンター in range(0, len(メッセージ)):
        if 偶数チェック(カウンター):
            偶数番目文字.append(メッセージ[カウンター])
    return 偶数番目文字
```

偶数番目の文字を入れるリストを作るよ

メッセージの中の文字1つごとにループが実行される

文字が偶数番目なら、リスト偶数番目文字の最後につけ加えていくよ

リスト偶数番目文字を戻り値にして返している

セーブをわすれないように

10 奇数番目の文字

偶数番目と同じように、奇数番目の文字をリストに入れる関数を作るよ。ステップ9の関数に続けて書こう。

```
def 奇数番目の文字取得(メッセージ):
    奇数番目文字 = []
    for カウンター in range(0, len(メッセージ)):
        if not 偶数チェック(カウンター):
            奇数番目文字.append(メッセージ[カウンター])
    return 奇数番目文字
```

11 文字を入れかえる

ステップ9と10で作ったリストを使って、メッセージの文字の位置を入れかえてしまおう。今度作るのは、この2つのリストから交互に文字を取り出して、新しいリストに入れていく関数だ。もとの順番ではなく、先に奇数番目の文字のリストから取り出すよ（0番の文字は偶数番目のリストに入っているぞ）。処理された文字列は、もとの文字列の奇数番目（1番）から始まることになる。ステップ10で書いたソースコードに続けて、下のように書きこもう。

```
def 文字入れかえ(メッセージ):
    文字リスト = []
    if not 偶数チェック(len(メッセージ)):
        メッセージ = メッセージ + 'x'
    偶数番目文字 = 偶数番目の文字取得(メッセージ)
    奇数番目文字 = 偶数番目の文字取得(メッセージ)
    for カウンター in range(0, int(len(メッセージ)/2)):
        文字リスト.append(奇数番目文字[カウンター])
        文字リスト.append(偶数番目文字[カウンター])
    処理後メッセージ = ''.join(文字リスト)
    return 処理後メッセージ
```

- 文字数が奇数になるメッセージには捨字の「x」をつけるよ
- 1回のループで奇数番目用リストと偶数番目用リストを1回ずつ使う
- 次の奇数番目の文字をリストの最後に追加する
- 次の偶数番目の文字をリストの最後に追加する
- join()関数は文字が入ったリストを1つの文字列にするよ

覚えておこう

アイテム数と文字数

パイソンがリストのアイテムと文字列の文字を数えるときは、最初を0番として数えるよ。また、**len()** という関数を使えば文字列の長さを調べられる。例えばlen('ひみつ')なら、パイソンは文字列'ひみつ'の長さは3文字で、最初の「ひ」の位置は0番、最後の文字は3番ではなく2番として処理するんだ。

▶しくみ

文字入れかえ() 関数は、奇数番目と偶数番目の文字を入れたリストから交互に1文字ずつ取り出し、新しい1つのリストにつぎつぎと追加していく。パイソンではメッセージの2文字目が1番になるので、新しいメッセージはこの文字から始まるね。

 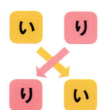 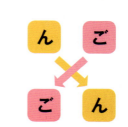

うまくなるヒント

位置を示す番号を整数にする

ループの**range**で**len(メッセージ)/2**という数を使っている。これは、偶数番目の文字を入れたリストの長さ（偶数番目の文字数）も、奇数番目の文字を入れたリストの長さも、もとのメッセージの長さの半分だからだ。しかも必要なら捨字のxを入れてメッセージの長さを偶数にしているから、2で割り切れるんだね。でも計算結果が整数（3や4）ではなく浮動小数点数（3.0や4.0）で返ってくるから、そのままリストのアイテム位置を示すのに使うとエラーになる。だから**int()**関数で整数に直しているんだ。

```
>>> mystring = 'secret'
>>> mystring[3.0]
Traceback (most recent call last):
  File "<pyshell#1>", line 1, in <module>
    mystring[3.0]
TypeError: string indices must be integers
```

「3」のような整数を使うべきところで「3.0」のような浮動小数点数を使うと、パイソンはこんなエラーメッセージを表示するよ

12 ループを改良する

文字入れかえ()関数はとても便利な関数だ。暗号化されているメッセージに使えば、復号してくれるぞ。ユーザーがどちらの処理を選んでも、この関数で対応できるんだ。ステップ6で作った**while**ループを下のように改良しよう。

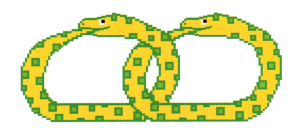

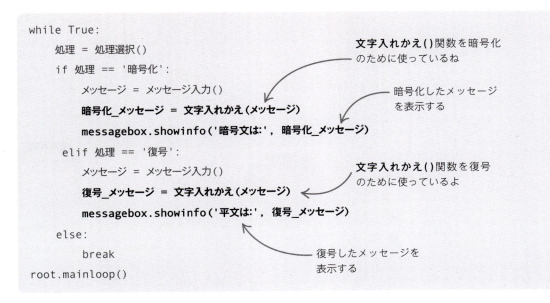

```
while True:
    処理 = 処理選択()
    if 処理 == '暗号化':
        メッセージ = メッセージ入力()
        暗号化_メッセージ = 文字入れかえ(メッセージ)
        messagebox.showinfo('暗号文は:', 暗号化_メッセージ)
    elif 処理 == '復号':
        メッセージ = メッセージ入力()
        復号_メッセージ = 文字入れかえ(メッセージ)
        messagebox.showinfo('平文は:', 復号_メッセージ)
    else:
        break
root.mainloop()
```

文字入れかえ()関数を暗号化のために使っているね

暗号化したメッセージを表示する

文字入れかえ()関数を復号のために使っているよ

復号したメッセージを表示する

13 暗号化してみる

プログラムを実行して、処理を選ぶときに「暗号化」と入力してみよう。メッセージの入力ダイアログが表示されたら、ひみつのメッセージを入力するんだ。試しに「こんばん　こうえんの　ぶらんこ」と打ちこんでみるよ。

14 復号してみる

暗号文をメモしてから、次のループでは「復号」を選んでみよう。入力ダイアログにメモした暗号文を入力してOKボタンを押そう。もとのメッセージが表示されるはずだ。

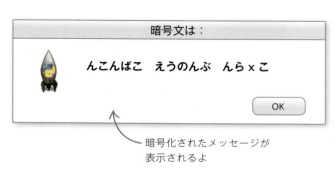

暗号化されたメッセージが表示されるよ

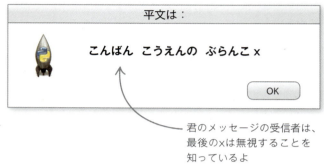

君のメッセージの受信者は、最後のxは無視することを知っているよ

15 復号にチャレンジ！

暗号用のプログラムが使えるようになったぞ。そこで右の暗号文を復号させてみよう。それから、友だちにパイソンのソースコードを教えて、ひみつのメッセージをやりとりしてみよう！

っやねたひ　つみめのせっじー　をくふうごたし x よ

もれじんーゅやするみでくひ　つみいのくん

改造してみよう

だれかがひみつのメッセージを手に入れて読んでしまうかもしれないぞ。もっとわかりにくい暗号にしてみよう。

なくてもいいものはとってしまおう！

▶ スペースをなくしてしまう

メッセージからスペースや句読点をなくしてしまうと、もっとわかりにくくなるぞ。メッセージを入力するときに、スペースや句読点を省けばいい。ただし友だちには、スペースや句読点がないメッセージを送ると知らせておこう。

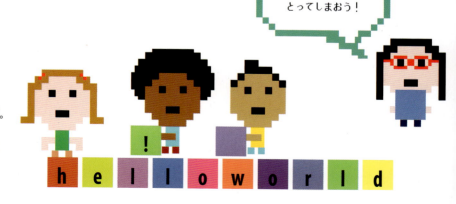

文字を入れかえてから逆順にする

暗号をさらにわかりにくくするには、**文字入れかえ( )** 関数を使ったあとに、
文字を逆に並べてしまうという手があるよ。この処理を行うには、さらに関数
を2つ作る必要があるね。今回は暗号化用と復号用を別の関数にするんだ。

1 暗号化用の関数

暗号化( ) 関数は文字を入れかえ
たあとに、順序を逆にして並びか
えるぞ。**文字入れかえ( )** 関数の
あとに右のように書き加えて、関
数を定義しよう。

> となりあった文字を入れかえたあ
> とで、文字を逆から並べていくよ

```
def 暗号化(メッセージ):
    逆順メッセージ = 文字入れかえ(メッセージ)
    暗号化メッセージ = ''.join(reversed(逆順メッセージ))
    return 暗号化メッセージ
```

2 復号用の関数

暗号化( ) 関数に続けて**復号( )** 関
数を定義するぞ。まず暗号化され
たメッセージの文字を逆から並べ
直して、さらに**文字入れかえ( )**
関数で処理するんだ。これでメッ
セージの文字は正しい順に並ぶよ。

> **暗号化( )** 関数が逆にした文字
> の並びを、もとの順番に戻すよ

```
def 復号(メッセージ):
    順序戻しメッセージ = ''.join(reversed(メッセージ))
    復号メッセージ = 文字入れかえ(順序戻しメッセージ)
    return 復号メッセージ
```

> この行で、文字を暗号化前
> の正しい位置に戻している

3 新しい関数を使う

それでは、無限ループを書きかえて新しい関数を使
ってみよう。**文字入れかえ( )** 関数の代わりに、さ
っき作った2つの関数を呼び出すんだ。

セーブを
わすれないように

```
while True:
    処理 = 処理選択()
    if 処理 == '暗号化':
        メッセージ = メッセージ入力()
        暗号化_メッセージ = 暗号化(メッセージ)
        messagebox.showinfo('暗号文は:', 暗号化_メッセージ)
    elif 処理 == '復号':
        メッセージ = メッセージ入力()
        復号_メッセージ = 復号(メッセージ)
        messagebox.showinfo('平文は:', 復号_メッセージ)
    else:
        break
```

> **文字入れかえ( )** 関数の代わりに
> **暗号化( )** 関数を使おう

> **文字入れかえ( )** 関数の代わりに
> **復号( )** 関数を使おう

捨字を入れる

暗号化の別の方法として、メッセージの文字の間に、関係のない文字（捨字や冗字と呼ぶよ）を入れていく方法がある。例えば「ひみつ」ということばを「ひかみあつえ」とするんだ。「文字を入れかえてから逆順にする」改造と同じように、暗号化用と復号用の２つの関数を作る必要があるね。

あかいりんご

あけかおいきりかんこごか

← 緑色の文字が捨字だ

1 モジュールを追加する

randomモジュールの**choice()**関数を組み入れるよ。この関数を使って、捨字のリストから文字をランダムに選ぶんだ。ソースコードの先頭部分に右の太字のように入力しよう。書く位置は**Tkinter**を組み入れている行の次だ。

```
from tkinter import messagebox, simpledialog, Tk
from random import choice
```

2 暗号化

メッセージに入れるための捨字を集めたリストが必要だね。下のソースコードを見てみよう。ループが１回実行されるごとに、メッセージの文字を１つずつ読み、メッセージの文字と捨字を交互に**暗号化_リスト**に入れているね。

```
def 暗号化(メッセージ):
    暗号化_リスト = []
    捨字リスト = ['あ','い','う','え','お','か','き','く','け','こ']
    for カウンター in range(0, len(メッセージ)):
        暗号化_リスト.append(メッセージ[カウンター])
        暗号化_リスト.append(choice(捨字リスト))
    新メッセージ = ''.join(暗号化_リスト)
    return 新メッセージ
```

・メッセージの文字の間に入れる捨字だ
・メッセージの文字を１つずつ**暗号化_リスト**に入れるよ
・捨字も１つずつ**暗号化_リスト**に入れていく
・**暗号化_リスト**の文字をつなげて１つの文字列にしよう

3 復号
この方法では、暗号文を復号するのはかんたんだよ。暗号文の偶数番目の文字は、もとの文字そのままで変わっていないんだ。だから**偶数番目の文字取得()**関数を使えば、もとのメッセージがすぐに取り出せるね。

```
def 復号(メッセージ):
    偶数番目文字 = 偶数番目の文字取得(メッセージ)
    新メッセージ = ''.join(偶数番目文字)
    return 新メッセージ
```

← もとのメッセージの文字を取り出す

← リスト**偶数番目文字**に入っている文字を1つの文字列にまとめる

 4 新しい関数を使う
文字入れかえ()関数の代わりに**暗号化()**と**復号()**の関数を使うには、無限ループの部分を書きかえなければならないね。下の太字のようにソースコードを書きかえよう。

```
while True:
    処理 = 処理選択()
    if 処理 == '暗号化':
        メッセージ = メッセージ入力()
        暗号化_メッセージ = 暗号化(メッセージ)
        messagebox.showinfo('暗号文は:', 暗号化_メッセージ)
    elif 処理 == '復号':
        メッセージ = メッセージ入力()
        復号_メッセージ = 復号(メッセージ)
        messagebox.showinfo('平文は:', 復号_メッセージ)
    else:
        break
root.mainloop()
```

文字入れかえ()関数を新しい**暗号化()**関数で置きかえる

文字入れかえ()関数の代わりに新しい**復号()**関数を使う

▶ **方法を組み合わせて使う**
もっと暗号をわかりにくくするために、ここで教えた方法を組み合わせることもできるね。例えば捨字を加えてから文字を入れかえ、さらに文字の順番を逆にするんだ。

ペットをかおう

イヌやネコをかうのはむずかしくても、パソコンの中にすむペットならかんたんにできるぞ。このプロジェクトでは、パソコンの画面の中でかうことができるペットを作ろう。本物みたいにかわいがってあげないと、きげんがわるくなっちゃうぞ。

どのように動くのか

プログラムを動かすとかわいいペットが登場する。ユーザーがどう接するかでペットの気持ちが変わるよ。ふだんは下のような表情だけれど、楽しいときや飼い主をからかっているとき、悲しいときはちがう表情になるよ。でも、このペットはやさしくて、かんだりほえたりはしないから心配しないでね。

▲幸せなとき
マウスのポインターでなでるとニコニコして顔を赤くするよ。

▲ふざけているとき
ダブルクリックして「くすぐる」と、舌を出してユーザーをからかうよ。

▲悲しいとき
無視すると悲しい顔になってしまうぞ。クリックして元気にしてあげよう。

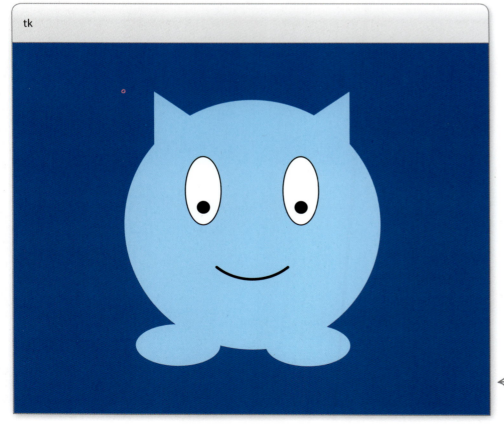

Tkinterウィンドウにペットが登場するぞ

しくみ

Tkinterのroot.mainloop()関数はwhileループを動かして、ユーザーからの入力を待ち続けるんだ。このループはメインのTkinterウィンドウを閉じるまで動き続けるよ。エキスパートシステムを作ったときも同じようにTkinterを利用して、ユーザーがボタンをクリックしたりテキストを入力するGUI（グラフィカルユーザーインターフェース）を実現したね。

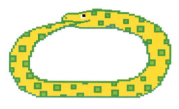

▶アニメーション
Tkinterウィンドウでroot.mainloop()関数を使えば、イラストを動かすことができるよ。決められたタイミングでイラストを変える関数を実行すれば、ペットが動いているように見せられるぞ。

キーワード

イベントドリブン

このペットのプログラムはイベントドリブン（イベント駆動）型と言って、ユーザーからの入力がきっかけになって命令が実行されるんだ。「キーが押された」「マウスがクリックされた」などの入力があれば、それぞれの入力に応じた動作をする。ワープロ、ゲーム、お絵かきソフトなどはイベントドリブンのテクニックを使っている例だ。

▼ペットをかおうのフローチャート
フローチャートで処理と判断の流れを示してみよう。ユーザーの入力がどのように関わるかもわかるね。プログラムは無限ループになっているよ。幸せ度という変数の値がペットの気持ちを表していて、プログラム実行中は変化し続けるんだ。

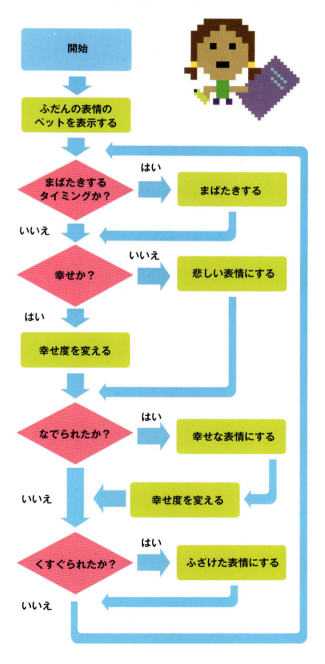

ペットを表示する

さあ、プログラミングを始めよう。まずペットが入るウィンドウを作り、それからペットを表示するためのソースコードを書くよ。

かいている間はじっとしててね！

1 新しいファイルを作る
IDLEを起動してFileメニューからNew Fileを選ぼう。ファイルは「ペット.py」という名前でセーブだ。

2 Tkinterモジュールを組み入れる
プログラムの実行直後にTkinterモジュールを組み入れなければならないよ。ソースコードの先頭に右のように入力してTkinterを組み入れ、ペットが入るウィンドウを開こう。

この行でプロジェクトに必要なTkinterモジュールの一部を組み入れている

```
from tkinter import HIDDEN, NORMAL, Tk, Canvas
root = Tk()
```

Tkinterの機能をスタートさせウィンドウを開く

3 新しいキャンバスを作る
ウィンドウに、青い背景色の「c」という名前のキャンバスを作るよ。このキャンバスにペットをかくんだ。Tkinterのウィンドウを開くソースコードのすぐあとに、右の太字の部分を書きこもう。この4行でプログラムのメインの部分がスタートするよ。

キャンバスは縦横400ピクセルの大きさだ

背景色は濃い青にしよう

```
from tkinter import HIDDEN, NORMAL, Tk, Canvas
root = Tk()
c = Canvas(root, width=400, height=400)
c.configure(bg='dark blue', highlightthickness=0)
c.pack()
root.mainloop()
```

この命令はTkinterウィンドウの中に何かを配置するときに使うよ

このプログラムでc.で始まる命令は、どれもキャンバスに関係があるよ

マウスがクリックされたなどの入力イベントがないか、見張り続けるための関数を起動している

4 動かしてみる
プログラムを動かしてみよう。どんな感じかな？ 今のところ、何もない青いウィンドウを表示するだけだ。これではつまらないね。やっぱりペットが必要だ！

セーブをわすれないように

5 ペットをかく

ソースコードの最後の2行の前に、下の太字の部分を書き加えよう。これで画面にペットがかけるぞ。命令1つが、ペットの身体の1つの部分をかくようになっている。**Tkinter**の関数には座標を使って、何をどこにかくのか指示しているんだ。

どう体の色を変数c.どう体_色に入れたので、他の行では「Skyblue1」とは書かないよ

```
c.configure(bg='dark blue', highlightthickness=0)
c.どう体_色 = 'SkyBlue1'
どう体 = c.create_oval(35, 20, 365, 350, outline=c.どう体_色, fill=c.どう体_色)
左耳 = c.create_polygon(75, 80, 75, 10, 165, 70, outline=c.どう体_色, fill=c.どう体_色)
右耳 = c.create_polygon(255, 45, 325, 10, 320, 70, outline=c.どう体_色, \
                       fill=c.どう体_色)
左足 = c.create_oval(65, 320, 145, 360, outline=c.どう体_色, fill=c.どう体_色)
右足 = c.create_oval(250, 320, 330, 360, outline=c.どう体_色, fill=c.どう体_色)

左目 = c.create_oval(130, 110, 160, 170, outline='black', fill='white')
左ひとみ = c.create_oval(140, 145, 150, 155, outline='black', fill='black')
右目 = c.create_oval(230, 110, 260, 170, outline='black', fill='white')
右ひとみ = c.create_oval(240, 145, 250, 155, outline='black', fill='black')

口_ふつう = c.create_line(170, 250, 200, 272, 230, 250, smooth=1, width=2, state=NORMAL)

c.pack()
```

「左」「右」はユーザーから見ての左右だよ

座標は、口をかき始める位置、中間点、かき終わる位置を示している

口は切れ目のない線で2ピクセルの太さだよ

うまくなるヒント

Tkinterの座標

このプログラムで**Tkinter**の関数に図をかくよう指示するとき、x座標とy座標を使っているね。x座標はウィンドウの左を0として右に行くほど大きくなり、右端では400になる。y座標の方はウィンドウの一番上を0として下に行くほど大きくなり、ウィンドウの底では400になるんだ。

座標はxとyが組になって示される。先に書いてある方がx座標だ

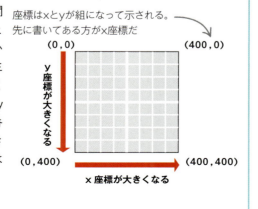

6 もう一度実行する

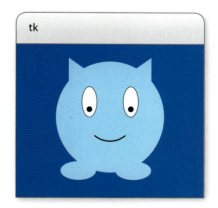

プログラムをもう一度実行してみよう。**Tkinter**ウィンドウの中央にペットが現れたかな？

まばたきをさせてみよう

現れたペットはかわいいけれどまだ何もしないぞ。ペットがまばたきするようにソースコードを書き足してみよう。2つの関数が必要になるね。1つはまぶたを開けたり閉じたりさせるためのもの、もう1つはまぶたを動かさないでいる時間を決めるためのものだ。

目を閉じさせるには、ひとみをかくしてスカイブルーでぬりつぶしてしまおう

7 まぶたを動かす

ソースコードの先頭部分で、関数**切りかえ_目( )**を定義しよう。この関数はひとみをかくして、どう体と同じ色でぬりつぶし、目を閉じているように見せるんだ。もとに戻して目を開けているように見せることも、この関数でできるようにするよ。

目がどうなっているかチェックしよう。白なら開いているし青なら閉じているよ

この行は、現在の色が白なら新しい色をどう体と同じにし、そうでないなら白にするという意味だ

現在、ひとみはNORMAL（ユーザーから見えている）かHIDDEN（かくれている）かをチェックしている

```
from tkinter import HIDDEN, NORMAL, Tk, Canvas

def 切りかえ_目():
    現在の色 = c.itemcget(左目, 'fill')
    新しい色 = c.どう体_色 if 現在の色 == 'white' else 'white'
    現在の状態 = c.itemcget(左ひとみ, 'state')
    新しい状態 = NORMAL if 現在の状態 == HIDDEN else HIDDEN
    c.itemconfigure(左ひとみ, state=新しい状態)
    c.itemconfigure(右ひとみ, state=新しい状態)
    c.itemconfigure(左目, fill=新しい色)
    c.itemconfigure(右目, fill=新しい色)
```

この部分でひとみの状態を変えている

この行でひとみの新しい状態をセットしているよ。HIDDENならNORMAL、NORMALならHIDDENにするぞ

この部分で目をぬりつぶす色を変えている

キーワード

切りかえ

2つの状態の一方からもう一方に変えることを「切りかえ」というよ。例えば部屋の明かりはスイッチをON（明かりをつける）にするかOFF（消す）にするかで切りかえる。このプロジェクトでペットにまばたきさせるときも、ペットの目を開けたり閉じたりして切りかえているね。関数を呼び出したときに目が開いていれば閉じさせ、閉じていれば開けるんだ。

スイッチオン！

オフに切りかえてもいい？

8 まばたきをリアルにする

まばたきをするときは、目を閉じてすぐに開け、もう一度目を閉じるまで少し時間をとる。関数**まばたき()**を作って、ペットにもそのようにまばたきさせるよ。ステップ7のソースコードに続けて書いてね。この関数では250ミリ秒（1秒の4分の1）かけてまばたきしてから、**mainloop()**に、3000ミリ秒（3秒）後にもう1回呼び出すよう指示しているよ。

```
                       c.itemconfigure(右目, fill=新しい色)

def まばたき():
    切りかえ_目()          ← まず目を閉じさせる
    root.after(250, 切りかえ_目)   ← 250ミリ秒後に目を開かせる
    root.after(3000, まばたき)
                              ← 3000ミリ秒後にもう一度まばたきさせる
root = Tk()
```

9 まぶたが動くのを見てみよう！

プログラムのメインの部分に、右の太字の行を書き入れるよ。最後の行のすぐ前だ。それからプログラムを実行しよう。1000ミリ秒（1秒）後にペットはまぶたを動かし始める。君がウィンドウを閉じるまでずっとまばたきしているよ。

```
root.after(1000, まばたき)    ← 1000ミリ秒（1秒）待ってからまばたきを始めるぞ
root.mainloop()
```

表情を変える

ほほえんでいるペットもいいけれど、もっと幸せそうな表情にしてあげよう。口の曲り方を変えて笑顔にし、ほおをピンクにそめてみよう。

10 幸せな表情にする

ペットをかいている部分に下のソースコードを入れよう。「ふつう」の口を書いている行の次がいいね。悲しい表情の口も書いているけれど、今のところはかくしてしまって、見えないようにしているぞ。

                                              幸せなときの口をかくよ   こちらは悲しいときの口だ

```
口_ふつう  = c.create_line(170, 250, 200, 272, 230, 250, smooth=1, width=2, state=NORMAL)
口_幸せ   = c.create_line(170, 250, 200, 282, 230, 250, smooth=1, width=2, state=HIDDEN)
口_悲しい  = c.create_line(170, 250, 200, 232, 230, 250, smooth=1, width=2, state=HIDDEN)

左ほお = c.create_oval(70, 180, 120, 230, outline='pink', fill='pink', state=HIDDEN)
右ほお = c.create_oval(280, 180, 330, 230, outline='pink', fill='pink', state=HIDDEN)

c.pack()
```

                              この部分で、ほおをピンクにそめるよ

11 幸せな顔を表示する

次に**表情_幸せ()**という関数を作ろう。マウスのポインターをなでるようにペットに当てたとき、ペットに幸せそうな表情をさせるためのものだ。ステップ8で定義した**まばたき()**の下に続けて書こう。

キーワード
イベントハンドラ

表情_幸せ()関数はイベントハンドラだ。イベントハンドラとは、特定のイベントが起こったときだけ実行される命令や関数のことだよ。現実の世界で例えると、「飲み物をこぼす」というイベントが起きると「床をふく」という関数が呼び出されるね。**表情_幸せ()**も、ペットをマウスポインターでなでたときだけ呼び出されるぞ。

こぼしたらふかないと！

このif文はマウスのポインターがペットの上に位置しているかをチェックしているよ

イベント.xとイベント.yはマウスのポインターの座標だ

```
root.after(3000, まばたき)

def 表情_幸せ(イベント):
    if (20 <= イベント.x and イベント.x <= 350) and (20 <= イベント.y and イベント.y <= 350):
        c.itemconfigure(左ほお, state=NORMAL)
        c.itemconfigure(右ほお, state=NORMAL)
        c.itemconfigure(口_幸せ, state=NORMAL)
        c.itemconfigure(口_ふつう, state=HIDDEN)
        c.itemconfigure(口_悲しい, state=HIDDEN)
    return
```

ほおをピンクにそめるよ

幸せそうな口の形にしよう

ふつうのときの口はかくしてしまう

悲しいときの口もかくそう

うまくなるヒント
フォーカス

ペットをマウスのポインターでなでても、そのウィンドウが「フォーカス」されていないと、Tkinterはポインターの動きに反応しないんだ。ウィンドウのどこでもいいから1回クリックすれば、そのウィンドウにフォーカスするよ。

あそこにフォーカスだ！

12 幸せな表情になる

なでられたペットが幸せな表情になるようにするには、どのようなイベントが起きたら反応するのかを教えておかなければいけないよ。**Tkinter**では、ウィンドウの上でマウスのポインターが動くことを〈Motion〉イベントと呼んでいる。そこで**Tkinter**の**bind()**を使って、このイベントとイベントハンドラである**表情_幸せ()**関数を結びつけておく必要がある。メインの部分に下の太字の行を追加してから実行し、ペットをなでてみよう。

```
c.pack()

c.bind('<Motion>', 表情_幸せ)

root.after(1000, まばたき)
root.mainloop()
```

この命令がマウスのポインターの動きと幸せな表情を結びつけているよ

セーブを
わすれないように

13 幸せな表情をかくす

ペットが幸せな表情をするのは、マウスのポインターでなでたときだけにしたいね。新しい**表情をかくす_幸せ()**関数を、**表情_幸せ()**関数のあとに書き入れるよ。この関数は、ペットの表情をふつうの状態に戻すためのものだ。

```
def 表情をかくす_幸せ(イベント):
    c.itemconfigure(左ほお, state=HIDDEN)
    c.itemconfigure(右ほお, state=HIDDEN)
    c.itemconfigure(口_幸せ, state=HIDDEN)
    c.itemconfigure(口_ふつう, state=NORMAL)
    c.itemconfigure(口_悲しい, state=HIDDEN)
    return
```

- ほおのピンク色をかくす
- 幸せそうな口をかくす
- ふだんの口を表示する
- 悲しそうな口をかくす

14 関数を呼び出してみる

マウスのポインターがウィンドウをはなれると、**表情をかくす_幸せ()**関数を呼び出すようにしよう。太字の行は、**Tkinter**の〈**Leave**〉イベントと**表情をかくす_幸せ()**関数を結びつけている。さあテストしてみよう。

```
c.bind('<Motion>', 表情_幸せ)
c.bind('<Leave>', 表情をかくす_幸せ)

root.after(1000, まばたき)
```

ふざけた顔！

ここまでのプログラミングで、ペットがうまく反応するようになったね。でも、ときにはふざけることも必要だ。ペットをくすぐる（ダブルクリックする）と、目を寄せて舌を出すようにソースコードを書き足そう。

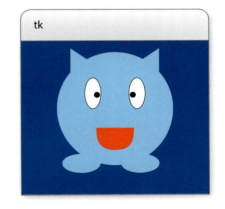

15 舌をかく

ペットをかく部分に、下のソースコードを加えるよ。悲しそうな口をかく行に続けよう。舌は長方形とだ円の2つを組み合わせているぞ。

```
口_悲しい = c.create_line(170, 250, 200, 232, 230, 250, smooth=1, width=2, state=HIDDEN)
舌_メイン = c.create_rectangle(170, 250, 230, 290, outline='red', fill='red', state=HIDDEN)
舌_先端 = c.create_oval(170, 285, 230, 300, outline='red', fill='red', state=HIDDEN)

左ほお = c.create_oval(70, 180, 120, 230, outline='pink', fill='pink', state=HIDDEN)
```

16 フラグを用意する

フラグに使うための変数を2つ用意して、ペットの目が閉じているか、舌は出ているかを記録しよう。ステップ9でメインのプログラムに書いた、ペットにまばたきをさせる命令のすぐ上で変数を定義するぞ。

```
c.目が寄っている = False
c.舌を出している = False

root.after(1000, まばたき)
```

この2つの変数は、目と舌の状態を示すフラグだよ

うまくなるヒント
フラグ用の変数を使う

変数をフラグとして使うことで、2つの状態のどちらになっているかをかんたんに知ることができるよ。状態を変えたときは、フラグの値も変えておこう。例えばトイレのドアの「使用中」と「空室」のサインもフラグだ。ドアにカギをかけると使用中のフラグが立ち、開けると空室になるね。

17 舌の状態を変える

ペットの舌を出したり引っこめたりする関数だ。ステップ11で定義した**表情_幸せ()**関数のすぐ前に書き入れよう。

```
def 切りかえ_舌():
    if not c.舌を出している:
        c.itemconfigure(舌_先端, state=NORMAL)
        c.itemconfigure(舌_メイン, state=NORMAL)
        c.舌を出している = True
    else:
        c.itemconfigure(舌_先端, state=HIDDEN)
        c.itemconfigure(舌_メイン, state=HIDDEN)
        c.舌を出している = False

def 表情_幸せ(イベント):
```

舌がすでに出ているかをチェックするよ

舌が出ていないなら、この部分で舌を見えるようにする

舌が出ていることを示すフラグを立てよう

elseは舌が出ている場合だね

舌をまた見えなくするよ

フラグに**False**をセットして舌が出ていないことを示そう

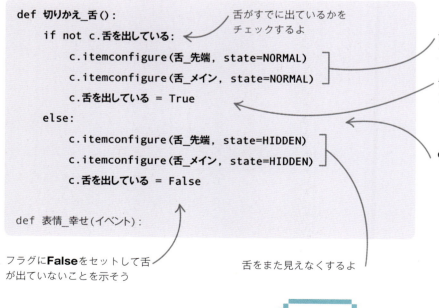

151 ペットをかおう

```
root.after(3000, まばたき)

def 切りかえ_ひとみ():
    if not c.目が寄っている:
        c.move(左ひとみ, 10, -5)
        c.move(右ひとみ, -10, -5)
        c.目が寄っている = True
    else:
        c.move(左ひとみ, -10, 5)
        c.move(右ひとみ, 10, 5)
        c.目が寄っている = False
```

目がすでに寄っているかをチェックするぞ

目が寄っていないなら、この部分でひとみを内側に動かす

目が寄っていることを示すフラグを立てるぞ

elseは目がすでに寄っている場合だ

この部分でひとみをもとの位置に戻すよ

フラグをFalseにして目が寄っていないことを示すよ

18 ひとみの状態を変える

目を寄せた表情を作るには、ひとみの位置を内側にしなければならないよ。この**切りかえ_ひとみ()**関数は、ペットのひとみを内側に寄せたり、もとの位置に戻したりするんだ。ステップ8で定義した**まばたき()**関数に続けて定義しよう。

19 ふざけた表情を作る

ペットに舌を出させ、同時に目を寄せさせるための関数を定義しよう。ステップ17で作った**切りかえ_舌()**関数の下にソースコードを入力するよ。**root.after()**関数を使って、ペットが1000ミリ秒（1秒）後にふつうの表情に戻るようにしよう。同じような処理は**まばたき()**でもやったね。

```
def 表情_ふざける(イベント):
    切りかえ_舌()
    切りかえ_ひとみ()
    表情をかくす_幸せ(イベント)
    root.after(1000, 切りかえ_舌)
    root.after(1000, 切りかえ_ひとみ)
    return
```

舌を出させるよ

ひとみを内側に寄せよう

幸せな表情はかくしてしまう

1000ミリ秒後に舌を引っこめる

1000ミリ秒後にひとみの位置を戻す

セーブをわすれないように

20 ダブルクリックでふざけた表情に

ダブルクリックのイベントが起きると、**表情_ふざける()**関数が呼び出されるようにすれば、ペットがふざけた表情をするようになるね。下の太字の行を、ステップ14で書いたペットの幸せな表情をかくす命令の次に書くよ。プログラムを実行してダブルクリックしてみよう。

```
c.bind('<Motion>', 表情_幸せ)
c.bind('<Leave>', 表情をかくす_幸せ)
c.bind('<Double-1>', 表情_ふざける)
```

Tkinterでは、ウィンドウ内でのマウスのダブルクリックは**<Double-1>**というイベントで表される

悲しい顔

最後に、ペットがかまってもらえないことに気づくようにするよ。およそ1分間なでてもらえない時間が続くと、かわいそうなペットは悲しい表情をするんだ。

21 幸せ度を作る

ステップ16では、プログラムのメインの部分でフラグ用変数を定義するようにしたね。そのすぐ前に1行追加して、ペットの幸せ度を決めてあげよう。プログラムを起動してペットをかいた直後の初期値は10にするよ。

```
c.幸せ度 = 10
c.目が寄っている = False
```

← プログラム起動時のペットの幸せ度は10だ

22 命令を追加する

下の太字の命令を、ステップ9で書いたペットをまばたきさせる命令の次に書こう。プログラム起動から5000ミリ秒（5秒）後に、ステップ23で定義する関数**表情_悲しい()**を**mainloop()**で呼び出すんだ。

```
root.after(1000, まばたき)
root.after(5000, 表情_悲しい)
root.mainloop()
```

ほうっておかれるのはイヤよね！

23 関数を書く

表情をかくす_幸せ()の次に**表情_悲しい()**関数を書き入れよう。この関数は**c.幸せ度**をチェックして0ならばペットに悲しい表情をさせるんだ。もし0でないなら**c.幸せ度**から1を引くよ。**まばたき()**関数と同じように、**mainloop()**に5秒後にもう一度呼び出すよう指示するぞ。

```
def 表情_悲しい():
    if c.幸せ度 == 0:
        c.itemconfigure(口_幸せ, state=HIDDEN)
        c.itemconfigure(口_ふつう, state=HIDDEN)
        c.itemconfigure(口_悲しい, state=NORMAL)
    else:
        c.幸せ度 -= 1
    root.after(5000, 表情_悲しい)
```

← c.幸せ度が0かどうかをチェックするよ

もしc.幸せ度が0なら幸せな表情とふつうの表情をかくしてしまおう

ペットの表情を悲しくするよ

elseはc.幸せ度が0より大きい場合だ

c.幸せ度から1を引く

5000ミリ秒後にもう一度**表情_悲しい()**を呼び出すよ

セーブを
わすれないように

24 ペットを元気にしよう！

ペットがそれ以上悲しまないようにするには、ペットが表示されているウィンドウをクリックして、ペットをなでてあげればいい。ステップ11で定義した**表情_幸せ()** 関数に、下の太字のソースコードを追加しよう。**表情_幸せ()** 関数が呼び出されたら変数**c.幸せ度**の値を10に戻して、ペットをもう一度幸せな表情にさせるんだ。プログラムを実行して、ペットが悲しい表情になるのを確認してから、なでてあげよう。きっと元気になるぞ。

```
        c.itemconfigure(口_ふつう, state=HIDDEN)
        c.itemconfigure(口_悲しい, state=HIDDEN)
        c.幸せ度 = 10         ← 幸せ度を10に戻している
return
```

改造してみよう

かわいいペットはできたかな？ よりかわいくするために、ペットの反応を変えたり、もっといろいろなことをするようにしてみよう。ここではそのためのアイデアをいくつか紹介(しょうかい)するよ。

表情を変えてみる

飼い主をからかうペットをかうのは初めてかな？ ダブルクリックしたときにふざけた表情をするのではなく、ウインクをするようにしてみよう。

> ** うまくなるヒント**
>
> ### 幸せ度を高くしておく
>
> 宿題をしているときでも、ずっとペットをなでたりくすぐったりしなければならないと、気が散ってしまうね。少し放っておいてもペットが悲しがらないようにしよう。**c.幸せ度**の初期値を高くしておくんだ。
>
> ↙ もっと大きな値にしておく
>
> ```
> c.幸せ度 = 10
> c.目が寄っている = False
> ```

1 **切りかえ_目()** 関数の下に同じようなソースコードを書くけれど、こちらは片方の目しか変化させないよ。

```
def 切りかえ_左目():
    現在の色 = c.itemcget(左目, 'fill')
    新しい色 = c.どう体_色 if 現在の色 == 'white' else 'white'
    現在の状態 = c.itemcget(左ひとみ, 'state')
    新しい状態 = NORMAL if 現在の状態 == HIDDEN else HIDDEN
    c.itemconfigure(左ひとみ, state=新しい状態)
    c.itemconfigure(左目, fill=新しい色)
```

154 パイソンで遊んでみよう

2 次に作る関数は、左目（ユーザーから見て左側の目）を1回閉じてまた開ける、つまりウィンクさせるためのものだ。**切りかえ_左目()** の下に書こう。

```
def ウィンク(イベント):
    切りかえ_左目()
    root.after(250, 切りかえ_左目)
```

3 ダブルクリックのイベント（**<Double-1>**）が起きたときの命令も忘れず書きかえよう。メインの部分で**表情_ふざける()**にかえて**ウィンク()** を呼び出すよ。

```
c.bind('<Double-1>', ウィンク)
```

↑ **表情_ふざける()** を **ウィンク()** にする

ペットの色を変えよう

c.どう体_色 の値を変えれば、ペットの身体の色をかんたんに変えられるよ。どの色にするか決められないときは、身体の色をつぎつぎに変えていく関数を作ろう！

1 まず**random**モジュールを組み入れよう。**Tkinter**を組み入れている行に続けて、右の太字の行を書きこもう。

```
from tkinter import HIDDEN, NORMAL, Tk, Canvas
import random
```

2 新しい関数**色を変える()** を作ろう。メイン部分の**root = Tk**のすぐ上に書き入れればいいね。この関数は、**c.どう体_色** の値をリスト**ペットの色**からランダムに選ぶんだ。それから新しい色でペットの身体をかき直すよ。**random.choice()** 関数を利用しているので、次にどんな色になるかはわからないぞ。

ペットの色はこの中から選ばれる

次の色をリストの中からランダムに選ぶぞ

```
def 色を変える():
    ペットの色 = ['SkyBlue1', 'tomato', 'yellow', 'purple', 'green', 'orange']
    c.どう体_色 = random.choice(ペットの色)
    c.itemconfigure(どう体, outline=c.どう体_色, fill=c.どう体_色)
    c.itemconfigure(左耳, outline=c.どう体_色, fill=c.どう体_色)
    c.itemconfigure(右耳, outline=c.どう体_色, fill=c.どう体_色)
    c.itemconfigure(左足, outline=c.どう体_色, fill=c.どう体_色)
    c.itemconfigure(右足, outline=c.どう体_色, fill=c.どう体_色)
    root.after(5000, 色を変える)
```

この部分でペットのどう体、足、耳を新しく決めた色でぬっている

5000ミリ秒（5秒）後にこのプログラムがまた実行されるようにしている

ペットをかおう **155**

3 メイン部分の最後の行（**root.mainloop()**）の前に右の1行を加えよう。プログラムが起動して5000ミリ秒（5秒）後に、関数**色を変える()**を**mainloop()**に呼び出させるんだ。

```
root.after(5000, 色を変える)
```

プログラムが起動して5秒後から、ペットの色が変わり始めるよ

4 ペットの色の変わり方をもっとゆっくりにしたい、自分の好きな色に変えたい、色の種類を増やしたい。そういうときは、ソースコードをいろいろ改造してみよう！

ごはんが食べたいよ！

なでたりくすぐったりするだけでなく、ペットにごはんをあげるのも必要だ。ペットにごはんをあげて、いつも健康にしておくにはどうすればいいかな？

1 「ごはん」というボタンをウィンドウに表示して、**ごはんをあげる()**という関数を作るのはどうかな。ボタンを押すとこの関数が呼び出されるんだ。

ペットが大きくなると、さらに多くのごはんが必要だ

2 「ごはん」ボタンを決まった回数押すと、ペットが成長するようにもできるね。例えば下のソースコードはペットの身体を大きくするよ。

ペットのどう体をかき直す命令だね

```
どう体 = c.create_oval(15, 20, 395, 350, ouline=c.どう体_色, fill=c.どう体_色)
```

3 ごはんをしっかりあげないと、ペットがやせてもとのサイズに戻るようにしてみてはどうかな。

▶**そうじも大切！**

ペットにごはんをあげると、うんちをしてしまうのが問題だ！ごはんをあげてしばらくすると、うんちをするようにソースコードを改造してみよう。それから「そうじ」ボタンを作って、これを押すとうんちを片づける関数が呼び出されるようにするんだ。

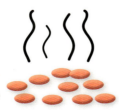

うまくなるヒント
もっと大きなウィンドウ

ボタンを加えたり、ペットの身体を変えたりすると、ウィンドウがせまくなってペットが住みにくくなってしまうぞ。そんなときは**Tkinter**ウィンドウを大きくしよう。メインのプログラムでキャンバスを作っている命令があるね。そこで**width**と**height**の値を400から増やせばいいんだ。

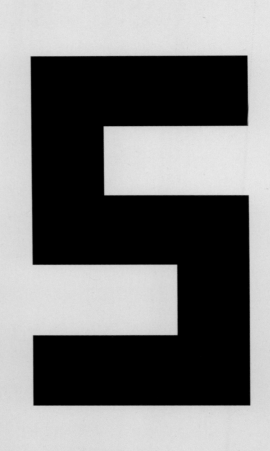

ゲームを作ってみよう

はらぺこイモムシ

プログラミングをしたら、おなかが空いたかな？ でもはらぺこなのは君だけじゃないぞ。このゲームの主役はおなかを空かせたイモムシだ。turtleモジュールを利用してゲームのキャラクターを動かす方法を学ぼう。キャラクターをキーボードでコントロールできるようになるぞ。

葉っぱが
どこにあるかって？

どのように動くのか

上下左右の4つの方向を指した矢印キーを使い、ウィンドウ内でイモムシを動かして葉っぱを食べよう。葉っぱを食べるごとにポイントが入るけれど、そのたびにイモムシは身体が大きくなり、動きもすばやくなってゲームがむずかしくなるんだ。イモムシがウィンドウの外にはみ出してしまうとゲームオーバーだよ。

ウィンドウの一番上にスコアが表示される

イモムシが食べると葉っぱが消え、別の場所に新しい葉っぱが現れるよ

まずウィンドウをクリックしなければならないよ。それからスペースキーを押せばゲーム開始だ

◀ だんだんむずかしくなる
イモムシが葉っぱを食べるほど、ゲームはむずかしくなっていく。イモムシの身体が長くなって速く動くようになるんだ。プレイヤーもすばやく操作しないといけなくなるね。そうしないとイモムシはウィンドウの外に消えてしまうぞ。

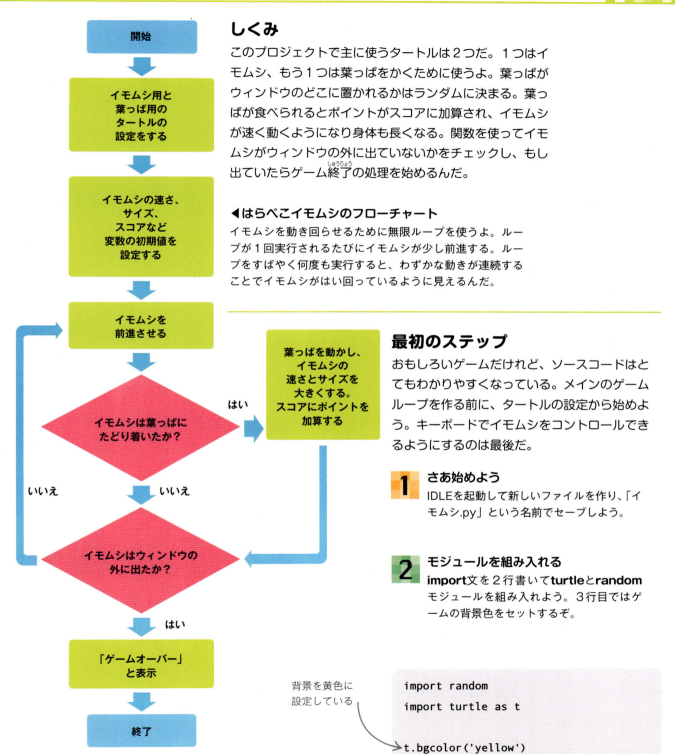

しくみ

このプロジェクトで主に使うタートルは2つだ。1つはイモムシ、もう1つは葉っぱをかくために使うよ。葉っぱがウィンドウのどこに置かれるかはランダムに決まる。葉っぱが食べられるとポイントがスコアに加算され、イモムシが速く動くようになり身体も長くなる。関数を使ってイモムシがウィンドウの外に出ていないかをチェックし、もし出ていたらゲーム終了の処理を始めるんだ。

◀ はらぺこイモムシのフローチャート

イモムシを動き回らせるために無限ループを使うよ。ループが1回実行されるたびにイモムシが少し前進する。ループをすばやく何度も実行すると、わずかな動きが連続することでイモムシがはい回っているように見えるんだ。

最初のステップ

おもしろいゲームだけれど、ソースコードはとてもわかりやすくなっている。メインのゲームループを作る前に、タートルの設定から始めよう。キーボードでイモムシをコントロールできるようにするのは最後だ。

1 さあ始めよう

IDLEを起動して新しいファイルを作り、「イモムシ.py」という名前でセーブしよう。

2 モジュールを組み入れる

import文を2行書いて**turtle**と**random**モジュールを組み入れよう。3行目ではゲームの背景色をセットするぞ。

背景を黄色に設定している

```
import random
import turtle as t

t.bgcolor('yellow')
```

3 イモムシ用のタートル

イモムシとして動き回るタートルを作ろう。右のソースコードを書き入れてね。タートルを作って色、形、動く速さを設定している。**イモムシ.penup()** の関数は、タートルにペンを使わせないためのものだ。これで、タートルが画面内を動き回っても線が引かれることはないぞ。

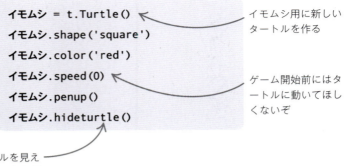

```
イモムシ = t.Turtle()
イモムシ.shape('square')
イモムシ.color('red')
イモムシ.speed(0)
イモムシ.penup()
イモムシ.hideturtle()
```

- イモムシ用に新しいタートルを作る
- ゲーム開始前にはタートルに動いてほしくないぞ
- タートルを見えなくする命令だ

4 葉っぱのタートル

ステップ3に続けて右のソースコードを入力し、葉っぱをかくための2番目のタートルを作るよ。葉っぱの形をかくために6組の座標をリストに入れている。この形をタートルに1回覚えさせれば、他の場所で葉っぱをかくときもこの形にしてくれる。**hideturtle()** 関数を呼び出しているのは、画面上にタートルを表示させないためだ。

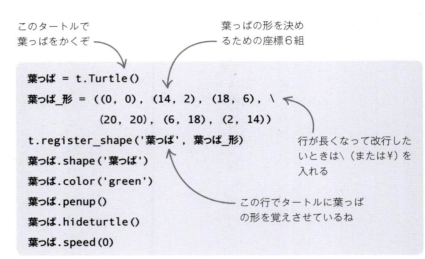

```
葉っぱ = t.Turtle()
葉っぱ_形 = ((0, 0), (14, 2), (18, 6), \
           (20, 20), (6, 18), (2, 14))
t.register_shape('葉っぱ', 葉っぱ_形)
葉っぱ.shape('葉っぱ')
葉っぱ.color('green')
葉っぱ.penup()
葉っぱ.hideturtle()
葉っぱ.speed(0)
```

- このタートルで葉っぱをかくぞ
- 葉っぱの形を決めるための座標6組
- 行が長くなって改行したいときは \ (または¥) を入れる
- この行でタートルに葉っぱの形を覚えさせているね

5 表示用のテキスト

テキスト表示をするため、補助用のタートルを2つ追加するぞ。1つは、ゲーム開始前に、プレイヤーにスペースキーを押すよう指示するためのもの。もう1つは、ウィンドウの右上にスコアを表示するためのものだ。葉っぱ用タートルのソースコードのあとに、続けて入力しよう。

```
ゲーム中 = False
テキスト_タートル = t.Turtle()
テキスト_タートル.write('スペースキーでスタート', align='center', \
           font=('Arial', 16, 'bold'))
テキスト_タートル.hideturtle()

スコア_タートル = t.Turtle()
スコア_タートル.hideturtle()
スコア_タートル.speed(0)
```

- あとのページで、ゲームがもう始まっているかどうかを知る必要が出てくる。そのときに使う変数だ
- この行で画面にテキストを表示する
- タートルだけかくしてしまおう
- スコア表示のためのタートルだよ
- スコアはかき直すので、タートルがあちこち動き回らないようにする

メインループ

必要なタートルがそろって、出番を待っているね。ゲームを動かすためのソースコードを書いていこう。

6 関数の場所だけ取っておく

passというキーワードを使えば、あとで本当に関数の機能が必要になるまで、関数を書くための場所取りをしておけるよ。タートルを作るソースコードの下に書いておこう。関数の中身はあとで書き足せばいいんだ。

```
def ウィンドウ外():
    pass

def ゲームオーバー():
    pass

def スコア表示(現在スコア):
    pass

def 葉っぱを置く():
    pass
```

ごく一部の機能しか持たない早い段階でプログラムを実行したいときは、このように**pass**とだけ書いて場所取りをしておけばいい。きちんとした処理はあとで書き入れよう

うまくなるヒント
パス

パイソンの場合、関数内部の処理がきちんと決められないうちは、**pass**というキーワードだけ書いておいて、プログラミングを先に進められる。クイズで正解がわからないとき、「パス！」と言うのと同じだね。

7 ゲーム開始用の関数

場所取りだけした関数4つのあとに、**ゲーム開始()**関数を書きこもう。この関数は必要な変数をセットして、メインのループがイモムシを動かし始める前に画面を整えるんだ。メインのループは、次のステップでこの関数の中に追加するぞ。

```
def ゲーム開始():
    global ゲーム中
    if ゲーム中:
        return
    ゲーム中 = True

    スコア = 0
    テキスト_タートル.clear()

    イモムシ_速さ = 2
    イモムシ_長さ = 3
    イモムシ.shapesize(1, イモムシ_長さ, 1)
    イモムシ.showturtle()
    スコア表示(スコア)
    葉っぱを置く()
```

ゲームがすでに始まっている場合は、**return**の命令でこの関数の処理を打ち切ってしまう。だから、**スコア=0**から下の行を2回以上実行しないですむんだ

画面からテキストを消してしまうよ

タートルの形をイモムシのようにのばすぞ

最初の葉っぱを画面に置くよ

8 イモムシを動かす

メインループでは、イモムシを少しずつ前に進めて、それから2つのチェックをするんだ。まずイモムシが葉っぱにたどり着いたかをチェックする。イモムシが葉っぱを食べたらスコアを増やして、新しい葉っぱを置くよ。そしてイモムシの身体を長くして、より速く動くようにする。2つ目のチェックは、イモムシがウィンドウの外に出たかどうかだ。もし出ていたらゲームオーバーだね。下のメインループをステップ7で書いた関数のソースコードに書き足そう。

```
葉っぱを置く()

while True:
    イモムシ.forward(イモムシ_速さ)
    if イモムシ.distance(葉っぱ) < 20:
        葉っぱを置く()
        イモムシ_長さ = イモムシ_長さ + 1
        イモムシ.shapesize(1, イモムシ_長さ, 1)
        イモムシ_速さ = イモムシ_速さ + 1
        スコア = スコア +10
        スコア表示(スコア)
    if ウィンドウ外():
        ゲームオーバー()
        break
```

- イモムシと葉っぱの距離が20ピクセルより近くなったら、葉っぱを食べたことにするよ
- 葉っぱが食べられてしまったから、新しいものを追加しよう
- この部分でイモムシの身体を長くしているよ

9 キーボードからの情報

右の3行を、さっき定義した関数の下に書きこもう。関数の一部ではないからインデントはしないでね。**onkey()**関数は**ゲーム開始()**関数とスペースキーを結びつけて、プレイヤーがスペースキーを押すまでゲームが始まらないようにする。**listen()**関数はキーボードからの信号をプログラムが受け取れるようにするためのものだ。

```
t.onkey(ゲーム開始, 'space')
t.listen()
t.mainloop()
```

- スペースキーを押すとゲームが始まる

10 試しに実行してみる

プログラムを動かしてみよう。もし正しくプログラミングできていれば、スペースキーを押すとイモムシが動き出し、画面の外に出て行ってしまうはずだ。もしプログラムがきちんと動かないなら、ソースコードをよく読んでバグを見つけよう。

関数の中身を書く

いよいよ**pass**を、ちゃんとした関数の中身と置きかえるよ。それぞれの関数を定義したらプログラムを実行して、何が変わったのかチェックだ。

```
def ウィンドウ外():
    左のかべ = -t.window_width() / 2
    右のかべ = t.window_width() / 2
    上のかべ = t.window_height() / 2
    下のかべ = -t.window_height() / 2
    (x, y) = イモムシ.pos()
    外に出た = \
      x < 左のかべ or \
      x > 右のかべ or \
      y < 下のかべ or \
      y > 上のかべ
    return 外に出た
```

この関数は数字の組（タプルと呼ぶ）を返すよ。この場合は2つで1組だ

上の4つの条件の1つでも**True**なら変数**外に出た**は**True**になる

11 ウィンドウの中にいる？

ウィンドウ外()関数の中身を書こう。この関数では、まず4つのかべの位置を計算する。それからイモムシに今いる位置をたずねるんだ。かべとイモムシの座標をくらべれば、イモムシがウィンドウの外に出てしまっているか判定できるね。プログラムを動かして、きちんとチェックされるか見てみよう。イモムシはウィンドウの端まで来ると止まるはずだ。

◀ **しくみ**
ウィンドウの中央の座標は(0, 0)なんだ。そしてウィンドウの横幅は400あるから、右のかべは中央からその半分の距離、つまり200離れたところにある。逆に左のかべは0から200を引いた位置、つまり−200のところにある。上下も同じようにして表しているよ。

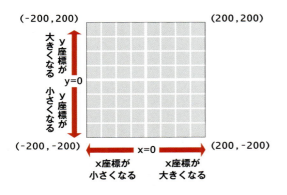

12 ゲームオーバー

イモムシがウィンドウの外に出ているか判定できるようになったね。外に出たら、プレイヤーにゲームが終わったと伝えなければならない。**ゲームオーバー()**関数の中身を下のように書き入れよう。この関数が呼び出されると、イモムシと葉っぱをかくし、画面に「ゲームオーバー！」と表示するよ。

```
def ゲームオーバー():
    イモムシ.color('yellow')
    葉っぱ.color('yellow')
    t.penup()
    t.hideturtle()
    t.write('ゲームオーバー！', align='center', font=('Arial', 30, 'normal'))
```

テキストが画面中央に表示されるはずだ

164 ゲームを作ってみよう

13 スコアを表示する

関数**スコア表示( )**は、スコア用のタートルを使って最新のスコアを画面に表示する。イモムシが葉っぱにたどり着くと呼び出されるよ。

```
def スコア表示(現在スコア):
    スコア_タートル.clear()
    スコア_タートル.penup()
    x = (t.window_width() / 2) - 50
    y = (t.window_height() / 2) - 50
    スコア_タートル.setpos(x, y)
    スコア_タートル.write(str(現在スコア), align='right', \
                    font=('Arial', 40, 'bold'))
```

右端から50ピクセル左だよ

ウィンドウの上の端から50ピクセル下だ

14 新しい葉っぱ

葉っぱにイモムシが着くと、関数**葉っぱを置く( )**が呼び出され、葉っぱを新しい位置に動かすよ。ー200から200の間の数を2つランダムに選び、その数をxとy座標にして位置を決めるから、どこになるかわからないぞ。

htはタートルをかくす(hideturtle)を略した書き方だよ

```
def 葉っぱを置く():
    葉っぱ.ht()
    葉っぱ.setx(random.randint(-200, 200))
    葉っぱ.sety(random.randint(-200, 200))
    葉っぱ.st()
```

葉っぱを動かす先の座標はランダムに決まるぞ

stはタートルを見せる(showturtle)を略した書き方だ

15 イモムシの向きを変える

キーボードのキーとイモムシの動きを結びつけていこう。**ゲーム開始( )**関数の下に、イモムシの向きを変える関数を4つ書き入れるよ。ゲームを少しむずかしくするため、イモムシが一度に変えられる向きは常に90度にする。だから4つの関数では、まずイモムシの現在の向きをチェックするようになっているんだ。もし指示された向きと今の向きが90度ちがっていたら、**setheading( )**関数で向きを変える。そうでなければ（90度でないなら）指示は無視するよ。

```
        ゲームオーバー()
        break

def 上に向く():
    if イモムシ.heading() == 0 or イモムシ.heading() == 180:
        イモムシ.setheading(90)

def 下に向く():
    if イモムシ.heading() == 0 or イモムシ.heading() == 180:
        イモムシ.setheading(270)

def 左に向く():
    if イモムシ.heading() == 90 or イモムシ.heading() == 270:
        イモムシ.setheading(180)

def 右に向く():
    if イモムシ.heading() == 90 or イモムシ.heading() == 270:
        イモムシ.setheading(0)
```

イモムシが上下ではなく左か右を向いているか、チェックするよ

270度ということは下向きだ

はらぺこイモムシ

16 キーで操作できるようにする

ようやく最後のステップだ。**onkey()** を使ってキーボードのキーと関数を結びつけるよ。ステップ9で書いた**onkey()** の次に、右の4行を書けばプログラミングは終わりだ。ゲームをプレイしてハイスコアを出そう！

```
t.onkey(ゲーム開始, 'space')
t.onkey(上に向く, 'Up')
t.onkey(右に向く, 'Right')
t.onkey(下に向く, 'Down')
t.onkey(左に向く, 'Left')
t.listen()
```

上向き矢印キーが押されたときは上に向く()関数を呼び出す

改造してみよう

これでゲームが動くようになったね。改造するのはそれほどむずかしくはないよ。味方になってくれるイモムシやライバルのイモムシを増やすこともできるぞ！

巨大なイモムシを生み出してやる！

2人用のゲームにする

イモムシ用のタートルをもう1つ作って、キーボードの別のキーでコントロールできるようにしよう。友だちといっしょにプレイすれば、もっと多くの葉っぱを食べられるぞ！

1 新しいイモムシを作る

まず新しいイモムシが必要だね。「イモムシ.py」ファイルを別の名前（「イモムシ2.py」など）でセーブする。そして、この別の名前で作ったファイルで作業しよう。まずソースコードの最初の部分に右のように書き足そう。1ぴき目のイモムシを設定しているソースコードのすぐあとだ。

```
イモムシ2 = t.Turtle()
イモムシ2.shape('square')
イモムシ2.color('blue')
イモムシ2.speed(0)
イモムシ2.penup()
イモムシ2.hideturtle()
```

2 引数を加える

ウィンドウ外() 関数を、両方のイモムシに使えるように改造するぞ。引数を使えば、どちらのイモムシをチェックするか指定できるようになるね。

```
def ウィンドウ外(イモムシ):
```

3 イモムシ2をかくす

ゲームオーバー() 関数が呼び出されるとき、1ぴき目のイモムシをかくしているね。2ひき目のイモムシもかくすようにしよう。

```
def ゲームオーバー():
    イモムシ.color('yellow')
    イモムシ2.color('yellow')
    葉っぱ.color('yellow')
```

4 主な関数を改造する

メインの**ゲーム開始( )** 関数にも、イモムシ2用のソースコードを書き足す必要があるね。まず開始時のイモムシ2の形をセットし、1ぴき目のイモムシとは逆向きにしておく。それから**while**ループでイモムシ2が動くようにする。ループ中の**if**文にも行を足して、イモムシ2が葉っぱを食べたかチェックするぞ。葉っぱを食べたイモムシ2を成長させる必要もあるね。ループの最後の**if**文でも、**ウィンドウ外( )** 関数でイモムシ2の位置をチェックするようにしよう。ウィンドウの外に出たらゲームオーバーだ。

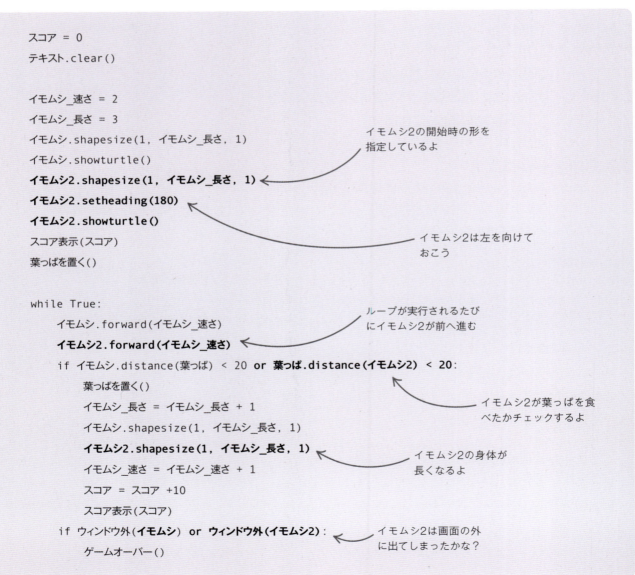

```
スコア = 0
テキスト.clear()


イモムシ_速さ = 2
イモムシ_長さ = 3
イモムシ.shapesize(1, イモムシ_長さ, 1)
イモムシ.showturtle()
イモムシ2.shapesize(1, イモムシ_長さ, 1)
イモムシ2.setheading(180)
イモムシ2.showturtle()
スコア表示(スコア)
葉っぱを置く()

while True:
    イモムシ.forward(イモムシ_速さ)
    イモムシ2.forward(イモムシ_速さ)
    if イモムシ.distance(葉っぱ) < 20 or 葉っぱ.distance(イモムシ2) < 20:
        葉っぱを置く()
        イモムシ_長さ = イモムシ_長さ + 1
        イモムシ.shapesize(1, イモムシ_長さ, 1)
        イモムシ2.shapesize(1, イモムシ_長さ, 1)
        イモムシ_速さ = イモムシ_速さ + 1
        スコア = スコア +10
        スコア表示(スコア)
    if ウィンドウ外(イモムシ) or ウィンドウ外(イモムシ2):
        ゲームオーバー()
```

イモムシ2の開始時の形を指定しているよ

イモムシ2は左を向けておこう

ループが実行されるたびにイモムシ2が前へ進む

イモムシ2が葉っぱを食べたかチェックするよ

イモムシ2の身体が長くなるよ

イモムシ2は画面の外に出てしまったかな？

5 コントローラーを追加する

2人目のプレイヤーが2ひき目のイモムシをコントロールできるよう、キーボードのキーを割りふろう。右のソースコードでは「w」で上、「a」で左、「s」で下、「d」で右を向くようになっているけれど、他の設定にしてもかまわないよ。とにかく、関数を4つ定義して、**onkey**でキーボードの新しいキーとこれらの関数を結びつけないといけないぞ。

```python
def 上に向く2():
    if イモムシ2.heading() == 0 or イモムシ2.heading() == 180:
        イモムシ2.setheading(90)

def 下に向く2():
    if イモムシ2.heading() == 0 or イモムシ2.heading() == 180:
        イモムシ2.setheading(270)

def 左に向く2():
    if イモムシ2.heading() == 90 or イモムシ2.heading() == 270:
        イモムシ2.setheading(180)

def 右に向く2():
    if イモムシ2.heading() == 90 or イモムシ2.heading() == 270:
        イモムシ2.setheading(0)

t.onkey(上に向く2, 'w')
t.onkey(右に向く2, 'd')
t.onkey(下に向く2, 's')
t.onkey(左に向く2, 'a')
```

▲ライバル登場

2人のプレイヤーが協力するのではなく、スコアを競いあい、最後に勝ち負けが決まるようにできるかな？ 少しヒントを書いておこう。まず2人目のプレイヤーのスコアを記録する変数が必要だね。イモムシが葉っぱを食べたら、そのイモムシのスコアだけを増やすんだ。そしてゲームオーバーになったら2人のスコアをくらべて勝者を決めよう。

▼むずかしさを調整する

ループのうちイモムシを成長させる部分では、長さと速さが1ずつ増えている。この増やす値を変えれば、ゲームのむずかしさを調整できるよ。増える値が大きくなるほどゲームはむずかしくなり、小さいほどやさしくなるね。

スナップ

イギリスではスナップというトランプゲームが人気でルールも何種類かあるよ。共通しているのは、プレイヤーは配られたカードから1人1枚ずつ出していき、同じ数字のカードが続けて出たら「スナップ」と先にさけぶことだ。パイソンでにたゲームを作ってみよう!

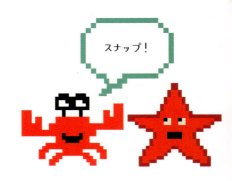

どのように動くのか

画面に3種類の図形が表示される。色は黒、赤、緑、青だ。同じ色が2回続いたら「スナップ!」だ。さけぶ代わりに決めておいたキーを押すよ。プレイヤー1は「q」、プレイヤー2は「p」だ。正しければポイントが入り、まちがえていればポイントを失う。相手よりもポイントを多くゲットすれば勝ちだ。

▼ゲーム開始時の処理

このゲームはTkinterウィンドウを使うよ。でもプログラムを実行すると、TkinterウィンドウはIDLEのウィンドウのかげにかくれてしまうかもしれない。その場合は前に出ているウィンドウをどかしてしまおう。プログラム起動から3秒後には図形が表示されるから、ウィンドウはすばやく操作しよう。

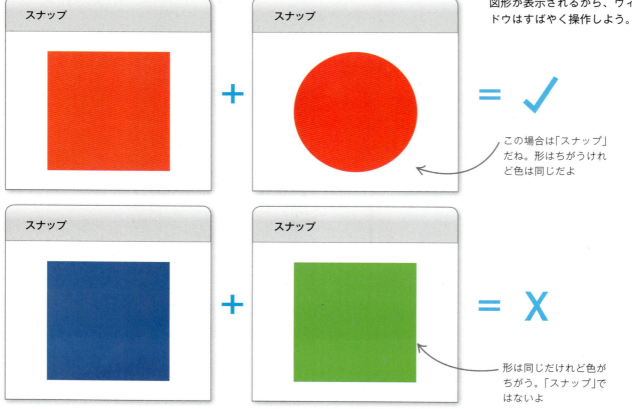

この場合は「スナップ」だね。形はちがうけれど色は同じだよ

形は同じだけれど色がちがう。「スナップ」ではないよ

しくみ

図形をかくために**Tkinter**を使うよ。**Tkinter**の**mainloop()**は、次の図形を見せるための関数を決まった間かく（最初は4秒）で呼び出す。図形は、**random**モジュールの**shuffle()**関数を使ってランダムに選ばれるようになっているよ。キーボードの「q」と「p」のキーは**スナップ()**関数に結びつけられていて、どちらかのキーが押されたら、そのキーを操作しているプレイヤーのスコアを更新するんだ。

▶スナップのフローチャート

まだ表示する図形が残っていれば、プログラムは動き続けるよ。プレイヤーがスナップだと判断してキーを押すと、プログラムはそれに反応する。表示する図形がなくなると、どちらのプレイヤーが勝ったかを表示してゲームは終わりになる。

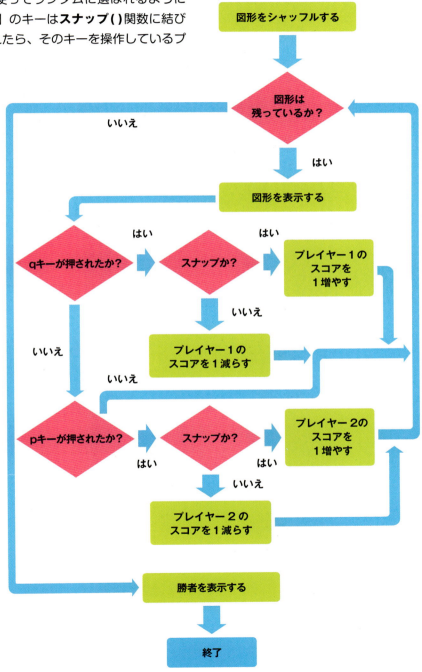

うまくなるヒント
sleep()関数

コンピューターの処理速度は人間よりもはるかに速いため、問題になることがある。例えば図形をユーザーに見せて、すぐにかくすよう命令したとする。すると目にもとまらない速さで実行してしまうんだ。これでは困るね。スナップでは**time**モジュールの**sleep()**関数を利用して、指定した秒数の間、プログラムの実行を止めている。**time.sleep(1)**と書けば、プログラムを1秒間止めてから次の命令に進みなさいという意味だ。

プログラミングを始めよう

まず必要なモジュールを組み入れなければならないね。それからグラフィカルユーザーインターフェース（GUI）を作っていこう。図形を表示するためのキャンバスも必要だ。

1 新しいファイルを作る
IDLEを起動して新しいファイルを作り、「スナップ.py」という名前でセーブだ。

2 モジュールを組み入れる
まず**random**モジュールと**time**モジュール、それから**Tkinter**の一部も組み入れるぞ。**time**モジュールを使って次の図形が表示されるまでの時間をのばし、表示される「スナップ！」または「まちがい！」のメッセージをプレイヤーが読めるようにするよ。また、**HIDDEN**で図形をかくし、**NORMAL**で図形を表示させる。**HIDDEN**にしておかないと、ゲーム開始時からすべての図形が表示されてしまうんだ。

*random*モジュールを使って図形をシャッフルする

```
import random
import time
from tkinter import Tk, Canvas, HIDDEN, NORMAL
```

Tkinterを使ってGUIを作ろう

3 GUIを作る
右のようにソースコードを入力して、「スナップ」というタイトルが表示される**Tkinter**ウィンドウ（rootウィジェット）を作ろう。ここまで書けたらプログラムを実行してみよう。**Tkinter**のウィンドウが、他のウィンドウのかげにかくれてしまうかもしれないから注意しよう。

```
from tkinter import Tk, Canvas, HIDDEN, NORMAL

root = Tk()
root.title('スナップ')
```

4 キャンバスを作る
右の太字の行でキャンバスを作るよ。今はまっさらだけど、あとで図形が表示されるようにするぞ。

```
root.title('スナップ')
c = Canvas(root, width=400, height=400)
```

図形を作る

次の段階では、**Tkinter**のキャンバスウィジェットに用意されている関数を利用して、色つきの図形をかいていくよ。4つの色で円、正方形、長方形をかくぞ。

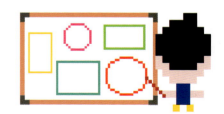

5 図形を入れておくリスト
作った図形を入れておくためのリストが必要だね。右の太字の行を、ソースコードの最後に加えよう。

```
c = Canvas(root, width=400, height=400)

図形リスト = []
```

スナップ **171**

セーブを
わすれないように

6 円をかく

円をかくのには、キャンバスウィジェットの**create_oval( )**関数を使おう。**図形リスト**を作った行に続けて、下のソースコードを書いてね。これで同じサイズの円が4つ（黒、赤、緑、青色をそれぞれ1つ）できる。**図形リスト**に入れておこう。

HIDDENにしておくと、プログラム起動時には図形が見えなくなるよ。表示される順番が来るまで見えなくしておくんだ

```
図形リスト = []

円 = c.create_oval(35, 20, 365, 350, outline='black', fill='black', state=HIDDEN)
図形リスト.append(円)
円 = c.create_oval(35, 20, 365, 350, outline='red', fill='red', state=HIDDEN)
図形リスト.append(円)
円 = c.create_oval(35, 20, 365, 350, outline='green', fill='green', state=HIDDEN)
図形リスト.append(円)
円 = c.create_oval(35, 20, 365, 350, outline='blue', fill='blue', state=HIDDEN)
図形リスト.append(円)
c.pack()
```

(x0, y0)の座標だ
(x1, y1)の座標だ

この命令で図形をキャンバス上に配置しているよ。この命令がないと図形を表示できないぞ

outlineとfillで円に色をつけている

うまくなるヒント

だ円をかく

create.oval( )関数は、見えない四角いわくの中にだ円をかく関数だ。かっこの中の4つの数で、画面上の位置を決めているよ。この4つの数は2つ1組で座標を表し、四角いわくの向かいあった頂点の位置を示している。2組の数の差が大きいほど頂点の位置がはなれるから、だ円は大きくなるよ。

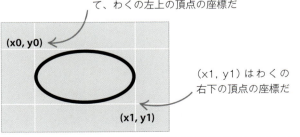

最初の1組の数は(x0, y0)といって、わくの左上の頂点の座標だ

(x1, y1)はわくの右下の頂点の座標だ

7 円を表示する

試しにプログラムを動かしてみよう。何か図形が見えるかな？ 図形はすべて**HIDDEN**の状態にしていたね。どれか1つを**NORMAL**に変えてからもう一度プログラムを動かそう。画面に図形が表示されるはずだ。**NORMAL**に変える図形は1つだけにしてね。そうでないと図形が重なって表示されてしまうよ。

しゃぼん玉ができたぞ！

8 長方形をかく

キャンバスウィジェットの **create_rectangle()** 関数を使って、色ちがいの長方形を4つかくよ。円をかいている部分と **c.pack()** の間に書き入れよう。8行すべてを打ちこまなくても、最初の2行を書いたらコピーして3回ペーストし、色を指定している部分だけ変えればOKだ。

セーブを
わすれないように

```
図形リスト.append(円)

長方形 = c.create_rectangle(35, 100, 365, 270, outline='black', fill='black', state=HIDDEN)
図形リスト.append(長方形)
長方形 = c.create_rectangle(35, 100, 365, 270, outline='red', fill='red', state=HIDDEN)
図形リスト.append(長方形)
長方形 = c.create_rectangle(35, 100, 365, 270, outline='green', fill='green', state=HIDDEN)
図形リスト.append(長方形)
長方形 = c.create_rectangle(35, 100, 365, 270, outline='blue', fill='blue', state=HIDDEN)
図形リスト.append(長方形)
c.pack()
```

9 正方形をかく

次は正方形だ。長方形をかくときと同じ関数を使うけれど、辺の長さがすべて同じになるように座標を決めて正方形にするよ。長方形をかくソースコードと **c.pack()** の間に入れよう。

```
図形リスト.append(長方形)

正方形 = c.create_rectangle(35, 20, 365, 350, outline='black', fill='black', state=HIDDEN)
図形リスト.append(正方形)
正方形 = c.create_rectangle(35, 20, 365, 350, outline='red', fill='red', state=HIDDEN)
図形リスト.append(正方形)
正方形 = c.create_rectangle(35, 20, 365, 350, outline='green', fill='green', state=HIDDEN)
図形リスト.append(正方形)
正方形 = c.create_rectangle(35, 20, 365, 350, outline='blue', fill='blue', state=HIDDEN)
図形リスト.append(正方形)
c.pack()
```

10 図形をシャッフルする

毎回同じ順序で図形が表示されないよう、シャッフルしておく必要があるね。トランプを切るのと同じだ。**random**モジュールの**shuffle()**関数を使えばいい。**c.pack()**の次に書き加えよう。

```
random.shuffle(図形リスト)
```

ゲームの準備をする

次に、変数をいくつか定義してから、ゲームの準備をするためのソースコードを少し書き足すよ。でも最後の段階で関数を加えないと、まだプログラムは動かないぞ。

うまくなるヒント

何も入っていない変数

プログラマーは変数を定義するとき、最初に値を0にしておくことがよくある。ゲームのスコアがいい例だね。でも、文字列を入れるための変数の場合はどうしたらいいかな？ そんなときは間に何も入っていないクォーテーションを1組代入すればいい（例：名前=''）。他に、「None」と書けばすむ場合もあるよ。ステップ11を見てみよう。

11 変数を定義する

プログラムが実行されている間、いろいろな情報を入れておくための変数が必要だ。現在表示されている図形とその色、直前に表示されていた図形の色、プレイヤー2人のスコアを入れるための変数だ。

この状態では変数**図形**に何も入っていない

```
random.shuffle(図形リスト)

図形 = None
前の色 = ''
現在の色 = ''
プレイヤー1のスコア = 0
プレイヤー2のスコア = 0
```

色を入れる変数には空の文字列を代入するよ

ゲーム開始時にはどちらのプレイヤーも得点がないのでスコアを0にしておくよ

12 処理をおくらせる

プログラムを起動してから3秒後に、最初の図形が表示されるようにしよう。**Tkinter**のウィンドウがパソコンのデスクトップ上で行方不明になったとき、プレイヤーが探し出せるよう時間をとっておくんだ。関数**次の図形()**はステップ16と17で定義するよ。

```
プレイヤー2のスコア = 0

root.after(3000, 次の図形)
```

次の図形を表示するまでに3000ミリ秒（3秒）待つよ

ゲームを作ってみよう

13 スナップのキーを設定する
右の2行を追加しよう。**bind()**関数は、GUIに「q」と「p」のキーが押されたかチェックするよう指示している。そして押されるごとに**スナップ()**関数を呼び出すんだ。**スナップ()**関数はあとで作るよ。

```
root.after(3000, 次の図形)
c.bind('q', スナップ)
c.bind('p', スナップ)
```

14 キーが押されたことを知らせる
focus_set()関数を使ってキャンバスをアクティブにし、キーが押されたときにわかるようにしよう。この関数が呼び出されていないと、ゲームのGUIは「q」と「p」のキーが押されても反応しないぞ。**bind()**関数の下に右のように入力しよう。

```
c.bind('q', スナップ)
c.bind('p', スナップ)
c.focus_set()
```

15 メインループをスタートさせる
右の太字のソースコードをファイルの最後に書こう。**次の図形()**と**スナップ()**の2つの関数を定義すれば、メインループは図形を表示してキーが押されるのを待つようになるぞ。

```
c.focus_set()

root.mainloop()
```

うまくなるヒント
ローカル変数とグローバル変数

変数にはローカルとグローバルのちがいがあるよ。ローカル変数は特定の関数の中だけで使えるので、プログラムの他の部分では使えないんだ。関数内ではなくメインプログラムで定義された変数はグローバル変数といって、プログラムのどこででも使うことができる。ただし、関数の中でグローバル変数に新しい値を代入する場合は、変数の前に**global**というキーワードをつけなければならない。ステップ16で**global**を使っているよ。

関数のプログラミング

いよいよ最後の段階だ。次の図形を表示する関数と、スナップのときの処理をする関数の2つを定義しよう。モジュールを組み入れている部分の次に、下のように入力しよう。

16 関数を作る
次の図形()関数はトランプをめくるときのように、4色の図形をつぎつぎに表示するためのものだ。下のように書いて、関数の定義を始めよう。グローバル変数（左のコラム参照）として使う変数を指定して、変数**前の色**を更新しているね。

キーワード**global**を使っているから、プログラムの他の部分で変数の中を見ても、ここで代入した値になっている

```
def 次の図形():
    global 図形
    global 前の色
    global 現在の色
    
    前の色 = 現在の色
```

次のステージに行く前に、**前の色**に**現在の色**の値を代入しているね

17 関数を完成させる

関数の残りの部分を入力してしまおう。次の図形を表示するためには、状態を**HIDDEN**から**NORMAL**に変えないといけない。下のソースコードはキャンバスウィジェットの**itemconfigure()**関数を使って状態を変えている。また、キャンバスウィジェットの**itemcget()**関数は、変数**現在の色**の値を変えるために使われるよ。**現在の色**は、スナップを判定するのに使うんだ。

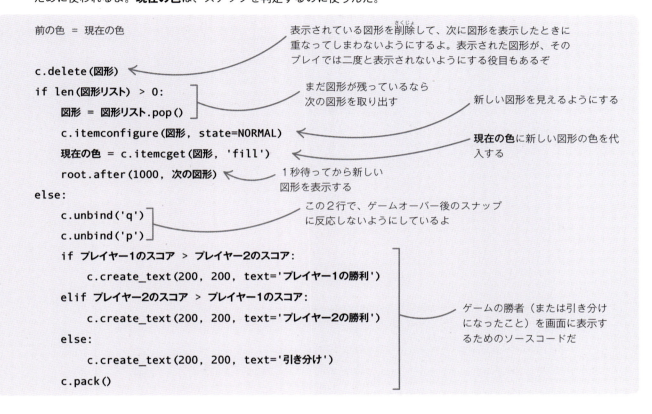

うまくなるヒント

キャンバスのアイテム

キャンバスに配置したアイテムは、**itemconfigure()**関数で状態を変えられるよ。例えばこのゲームでは、見えない状態の図形を見えるようにするために使っているね。見えるかどうか以外にも、色などアイテムの状態を変えるのに使えるぞ。かっこの中に変えたいアイテムの名前を書き、カンマで区切って新しい状態や値を指定しよう。

```
c.itemconfigure(図形, state=NORMAL)
```

状態を変えたいアイテムの名前だ / 新しい値だよ / 状態を変えるよ

18 スナップかな？

最後に**スナップ()** 関数を定義してゲームを完成させよう。この関数はどちらのプレイヤーがキーを押したかチェックして、本当にスナップなのかを判定するんだ。それからスコアを書きかえてメッセージを表示する。関数**次の図形()** のあとに書き加えよう。

セーブを
わすれないように

```
def スナップ(イベント):
    global 図形
    global プレイヤー1のスコア
    global プレイヤー2のスコア
    判定 = False

    c.delete(図形)

    if 前の色 == 現在の色:
        判定 = True

    if 判定:
        if イベント.char == 'q':
            プレイヤー1のスコア = プレイヤー1のスコア + 1
        else:
            プレイヤー2のスコア = プレイヤー2のスコア + 1
        図形 = c.create_text(200, 200, text='スナップ！ 1ポイントゲットだ！')
    else:
        if イベント.char == 'q':
            プレイヤー1のスコア = プレイヤー1のスコア - 1
        else:
            プレイヤー2のスコア = プレイヤー2のスコア - 1
        図形 = c.create_text(200, 200, text='まちがい！ 1ポイント失ったぞ！')
    c.pack()
    root.update_idletasks()
    time.sleep(1)
```

グローバル変数だとはっきり示して、関数の中で値を変えられるようにしているよ

スナップが正しいかチェックだ（直前の図形の色が、現在表示されている図形の色と同じならOK）

スナップが正しく行われたときは、キーを押したプレイヤーのスコアに1ポイント加算する

スナップが正しいときは、1ポイント入ったと表示するぞ

スナップがまちがい (else) のときは、キーを押したプレイヤーのスコアから1ポイント減らしてしまおう

まちがえてスナップしたときに表示するメッセージだ

GUIを更新してメッセージをすぐに表示させている

プレイヤーがメッセージを読めるよう1秒間待つよ

19 試してみよう

プログラムを実行して、きちんと動くかどうかチェックしよう。「q」と「p」のキーを押す前に、**Tkinter**ウィンドウを1回クリックしてアクティブにするのを忘れないでね。

改造してみよう

Tkinterは円、正方形、長方形以外の形やさまざまな色をあつかえるから、改造だってやりやすいぞ。ここでは、いくつかアイデアを紹介しよう。プレイヤーがズルをするのを防ぐ方法もあるぞ。

▲りんかく線の色を変える
スナップの判定をするときは、**fill**で指定されている色だけを見ている。だから**outline**でりんかく線の色を変えても、ぬりつぶすのに使っている色が同じならスナップになるんだ。

▼スピードを上げる
図形を表示したあとの待ち時間が減っていくようにすれば、ゲームをむずかしくできるよ。待ち時間を変数に入れて値を変えられるようにしてみよう。ゲーム開始時は1000ミリ秒にしておいて、図形が表示されるたびに25ミリ秒ずつ減らすというのはどうかな？　この1000や25は１つの例だ。いろいろな値を試して、一番ゲームがおもしろくなる時間を見つけよう。

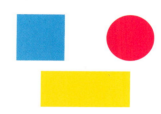

▲色を増やす
ゲームのプレイ時間が短いと感じるかもしれない。それなら色の数を増やして、正方形、長方形、円の数を増やしてしまおう。ゲーム時間をのばせるよ。

新しい図形をかく

create_oval( ) の引数を変えれば円ではなくだ円をかけるよ。**Tkinter**なら弓形や線、そして多角形もかけるんだ。下のようにソースコードに書き足してから、引数をいろいろ変えてみよう。**state**を**HIDDEN**にしておいて、順番が来るまで表示しないようにしておこう。

1　弓形をかく
弓形をかくには**create_arc( )** 関数を使う。特にスタイルを指定しなければ、中をぬりつぶした弓形になるよ。**Tkinter**には**CHORD**と**ARC**というちがったタイプの弓形があるので、両方使えるようにしておこう。ソースコードの３行目を下のように変えてね。図形リストに弓形を加えるには、次ページのソースコードのようにして図形を作ったあと、**図形リスト.append(弓形)** という命令が必要だよ。

この２つを書き加えれば弓形もかけるぞ

```
from tkinter import Tk, Canvas, HIDDEN, NORMAL, CHORD, ARC
```

```
弓形 = c.create_arc(-235, 120, 365, 370, outline='black', \
                   fill = 'black', state=HIDDEN)
```

スタイルを決めていないので、中をぬりつぶしている

```
弓形 = c.create_arc(-235, 120, 365, 370, outline='red', \
                   fill = 'red', state=HIDDEN, style=CHORD)
```

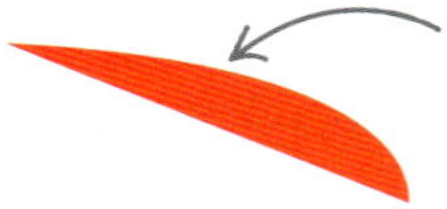

CHORDというスタイルを指定すると、弓形のと中で切ったような図形になる

```
弓形 = c.create_arc(-235, 120, 365, 370, outline='green', \
                   fill = 'green', state=HIDDEN, style=ARC)
```

ARCというスタイルは弓形の弧の部分だけだ

2 線を引く

create_line()関数を使って、図形リストに線を加えよう。**図形リスト.append(線)**の命令を忘れないでね。

```
線 = c.create_line(35, 200, 365, 200, fill='blue', state=HIDDEN)
```

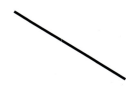

```
線 = c.create_line(35, 20, 365, 350, fill='black', state=HIDDEN)
```

3 多角形をかく

今度は**create_polygon()**関数を使って多角形を加えよう。多角形の頂点の座標を指定すればいい。下のソースコードでは三角形にしているよ。

2つ1組の数字が3組、引数になっている。これは三角形の頂点を示すんだ

```
多角形 = c.create_polygon(35, 200, 365, 200, 200, 35, \
                        outline='blue', fill='blue', state=HIDDEN)
```

ズルを防ぐ

今の状態では、スナップが成立しているときにプレイヤーが同時にキーを押すと、両方のプレイヤーに得点が入ってしまう。さらに、プレイヤーが次の図形が表示されるまでの間にキーを押してもポイントが加算されてしまう。次の図形が表示されるまで、前の色と現在の色が同じだからだね。ソースコードを直して、こんなズルができないようにしよう。

1 グローバル変数を使う

まず**スナップ()**関数の中で変数**前の色**の値を変える必要があるから、グローバル変数としてあつかうようにするよ。**スナップ()**関数でglobalと書いている部分に下の1行を追加しよう。

```
global 前の色
```

2 スナップのくり返しを防ぐ

スナップ() 関数に下の太字の行を加えて、スナップが正しく行われたあとに、変数**前の色**に空の文字列（''）を代入するようにしよう。これで、スナップしてから次の図形が表示されるまでの間にキーを押すと、スコアから1ポイント引かれてしまうようになるぞ。最初の図形が表示されてからは、**現在の色**が空の文字列（''）になることはないからね。

```
        図形 = c.create_text(200, 200, text='スナップ！ 1ポイントゲットだ！')
        前の色 = ''
```

3 開始直後のスナップを防ぐ

ゲーム開始時には**前の色**と**現在の色**の値が同じになっている。だから最初の図形が表示されるまでの間にキーを押せば、ポイントが入ってしまうんだ。この2つの変数の初期値を「a」と「b」にして、問題を解決しよう。

ちがう文字列が初期値になっているから、図形が表示され始めるまではスナップにならないぞ

4 メッセージを変える

両方のプレイヤーがほぼ同時にキーを押すと、どちらのスコアが増えた（減った）かがわからないね。メッセージを変えれば、どちらのスコアが変わったのかはっきりするよ。

セーブをわすれないように

```
        判定 = True
if 判定:
    if イベント.char == 'q':
        プレイヤー1のスコア = プレイヤー1のスコア + 1
        図形 = c.create_text(200, 200, text='スナップ！ プレイヤー1が1ポイントゲットだ！')
    else:
        プレイヤー2のスコア = プレイヤー2のスコア + 1
        図形 = c.create_text(200, 200, text='スナップ！ プレイヤー2が1ポイントゲットだ！')
    前の色 = ''
else:
    if イベント.char == 'q':
        プレイヤー1のスコア = プレイヤー1のスコア - 1
        図形 = c.create_text(200, 200, text='まちがい！ プレイヤー1が1ポイント失ったぞ！')
    else:
        プレイヤー2のスコア = プレイヤー2のスコア - 1
        図形 = c.create_text(200, 200, text='まちがい！ プレイヤー2が1ポイント失ったぞ！')
```

神経すい弱

君は記憶力はいいかな？ 神経すい弱で試してみよう。ボタンをクリックして同じシンボルを組にしていこう。全部で12ある組（ペア）を、どれだけ早く作れるか競争だ！

どのように動くのか

プログラムを実行するとウィンドウが開き、4行6列に並んだボタンが表示される。ボタンを2つずつクリックして、かくれているシンボルを表示させよう。2つのシンボルが同じなら当たりだ。シンボルはそのまま表示されているよ。もしちがっていたら、2つのシンボルはかくされてしまう。どこにどのシンボルがあるのかを覚えて、できるだけ早く全部の組を作ってしまおう。

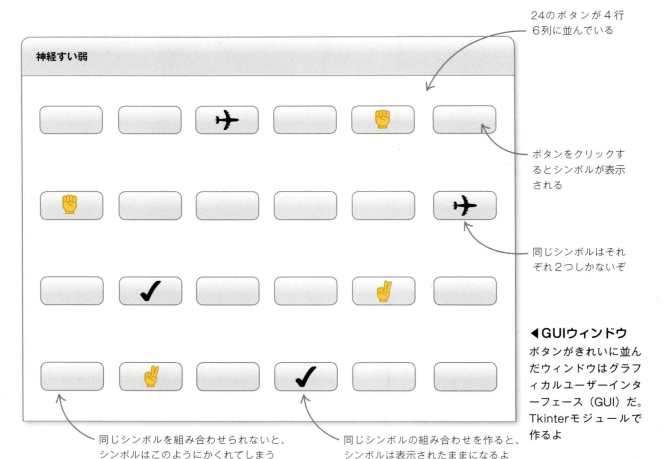

◀GUIウィンドウ
ボタンがきれいに並んだウィンドウはグラフィカルユーザーインターフェース（GUI）だ。Tkinterモジュールで作るよ

しくみ

このプロジェクトでは**Tkinter**モジュールを使って、ボタンを並べて表示するよ。**Tkinter**の**mainloop()**はボタンが押されたか見ていて、押されたときは**lambda**関数（ラムダ関数。無名関数ということもあるよ）という特別な種類の関数を呼び出してシンボルを表示する。このゲームではボタンを2回押すことで一手とするよ。2回目にボタンを押したときは、1回目と同じシンボルが表示されたかチェックする。ボタンは辞書（ディクショナリ）に入れておき、シンボルはリストに入れておくぞ。

うまくなるヒント
ラムダ（lambda）関数

defと同じように**lambda**も関数を定義するキーワードだよ。ラムダ関数の定義は1行だけですみ、プログラムのどこででも呼び出せる。例えば**lambda x:x*2**と定義すれば、数を倍にする関数だ。**ダブル**=**lambda x:x*2**というように変数も定義できる。**x**に数を代入しておいて**ダブル(x)**と書いてもいいし、直接数を書いてもいい。**print(ダブル(2))**なら**4**が表示されるね。ラムダ関数はGUIを作るのに便利だ。このゲームでは、いくつものボタンが引数だけ変えて同じラムダ関数を呼び出しているよ。ラムダ関数を使わずにプログラミングをすると、ボタン1つにつき1つ、つまり24もの関数を定義しなければならないぞ！

▼神経すい弱のフローチャート

シンボルをシャッフルしてボタンを並べ終わったら、プレイヤーがボタンを押すのを待ち続けるよ。すべてのシンボルが組（ペア）になって表示されたらゲームは終わりだ。

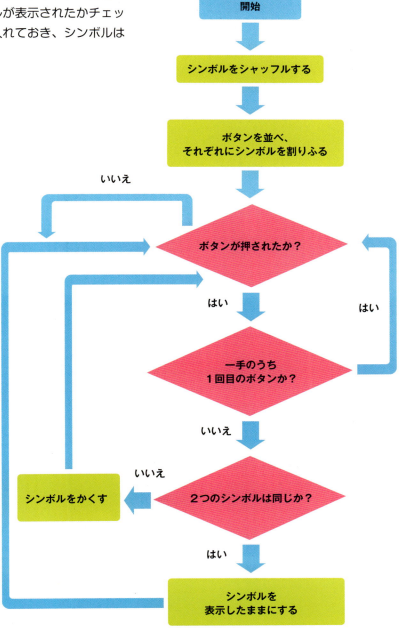

182　ゲームを作ってみよう

始めよう！
プロジェクトの第一段階はグラフィカルユーザーインターフェース（GUI）を作ることと、ボタンにつけるシンボルをそろえることだ。

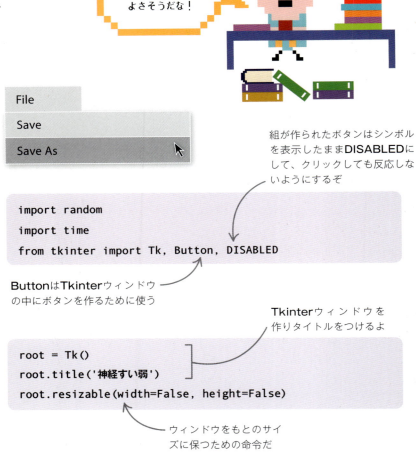

1　新しいファイルを作る
IDLEを起動して新しいファイルを作り、「神経すい弱.py」という名前でセーブしよう。

2　モジュールを組み入れる
ソースコードの先頭に右のように入力して、プロジェクトに必要なモジュールを組み入れるよ。シンボルをシャッフルするのに **random**、プログラムを一時停止させるのに **time**、GUIを作るのに **Tkinter** のモジュールを使うぞ。

```
import random
import time
from tkinter import Tk, Button, DISABLED
```

Buttonは**Tkinter**ウィンドウの中にボタンを作るために使う

組が作られたボタンはシンボルを表示したまま**DISABLED**にして、クリックしても反応しないようにするぞ

3　GUIを作る
モジュールを組み入れる部分に続けて右のソースコードを書き、GUIを作っていこう。**root.resizable()** 関数は、プレイヤーにウィンドウのサイズを変えさせないために使っているね。これは重要な働きだ。ボタンをきれいに並べても、プレイヤーがウィンドウのサイズを変えてしまったら、配置がバラバラになってしまうぞ。

```
root = Tk()
root.title('神経すい弱')
root.resizable(width=False, height=False)
```

Tkinterウィンドウを作りタイトルをつけるよ

ウィンドウをもとのサイズに保つための命令だ

4　試してみる
プログラムを動かしてみよう。「神経すい弱」というタイトルがついた、空のTkinterウィンドウが開くはずだ。ウィンドウが現れないときは、他のウィンドウのかげになっているかもしれないぞ。

セーブをわすれないように

神経すい弱 183

5 変数を定義する

ステップ3で書いたソースコードの下に、右の太字の部分を書き足そう。プログラムに必要な変数を定義し、ボタンを入れるための辞書を作っている。一手でボタンを2回押すから、ボタンが押されたとき、それが1回目なのか2回目なのかはチェックしておかないといけない。また、1回目にどのボタンが押されたかを記録しておいて、2回目のボタンのシンボルとくらべなければならないよ。

```
root.resizable(width=False, height=False)

全ボタン = {}        ← これは辞書だね
初回 = True          ← この変数はボタンが押されたのが1回目かどうかを示す
直前のX = 0  ⎫
直前のY = 0  ⎭ この2つの変数で直前に押されたボタンの位置を記録する
```

6 シンボルをセットする

次に、下のようにソースコードを入力して、ゲームで使うシンボルをリストにセットするよ。「文字当てゲーム」のプロジェクトと同じように、ユニコードのキャラクターを使おう。12種類のキャラクターを2つずつ、合計24個だ。ステップ5で変数を定義したあとに、下のソースコードを書き足してね。

U+2702　U+2705　U+2708　U+2709

U+270A　U+270B　U+270C　U+270F

U+2712　U+2714　U+2716　U+2728

```
直前のY = 0

ボタンのシンボル = {}     ← 各ボタンに割りふられたシンボルは辞書に入れられるよ
シンボル = [u'\u2702', u'\u2702', u'\u2705', u'\u2705', u'\u2708', u'\u2708',
u'\u2709', u'\u2709', u'\u270A', u'\u270A', u'\u270B', u'\u270B',
u'\u270C', u'\u270C', u'\u270F', u'\u270F', u'\u2712', u'\u2712',
u'\u2714', u'\u2714', u'\u2716', u'\u2716', u'\u2728', u'\u2728']
```

このリストにはゲームで使う12組のシンボルが入る

randomモジュールのshuffle()関数でシンボルをシャッフルしてしまおう

```
random.shuffle(シンボル)
```

7 シンボルをシャッフルする

毎回毎回、同じ位置に同じシンボルが割りふられると困ってしまうぞ。ゲームを何回かプレイすれば、プレイヤーはシンボルの位置を覚えてしまい、最初からペアを作れるようになってしまう。そうならないように、ゲームを始めるたびにシンボルをシャッフルしよう。リストを作っているソースコードに続けて、右の行を入力しよう。

シャッフルモードで音楽を聴くのが好き！

ボタンを並べよう！

今度はボタンを作ってGUIにセットしていくぞ。それから**シンボル表示( )**関数を作って、プレイヤーがボタンを押したときに反応できるようにしよう。

> **うまくなるヒント**
>
> ### ボタン
>
> **Tkinter**にはボタン（**Button**）というウィジェットがすでに用意されているから、これを使ってボタンを作ろう。引数はボタンごとに変えるよ。必要な引数は**command**、**width**、**height**の3つだ。**command**はボタンが押されたときに何をすればいいかを指示する。今回はラムダ関数を呼び出すよ。**width**と**height**はボタンのサイズを指示しているんだ。

8　ボタンの位置を決める

24個のボタンを4行6列に並べるよ。将棋盤のマス目のようにきちんと並べるために 入れ子（ネスト）構造のループを使う。xをカウンターにしている外側のループは、列の位置を左から右へと決めている。yをカウンターにしている内側のループは上から下へと行の位置を決めているんだ。ループが実行されると、24個のボタンそれぞれに、「x列目のy行目」というように位置が割り当てられていくよ。下の太字の部分を**shuffle**の命令のあとに書き入れよう。

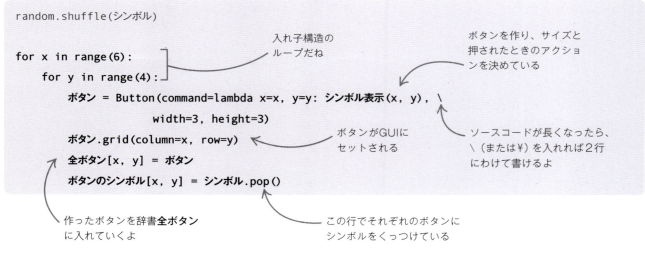

```
random.shuffle(シンボル)

for x in range(6):
    for y in range(4):
        ボタン = Button(command=lambda x=x, y=y: シンボル表示(x, y), \
                       width=3, height=3)
        ボタン.grid(column=x, row=y)
        全ボタン[x, y] = ボタン
        ボタンのシンボル[x, y] = シンボル.pop()
```

入れ子構造のループだね

ボタンを作り、サイズと押されたときのアクションを決めている

ボタンがGUIにセットされる

ソースコードが長くなったら、\ （または¥）を入れれば2行にわけて書けるよ

作ったボタンを辞書**全ボタン**に入れていくよ

この行でそれぞれのボタンにシンボルをくっつけている

▼しくみ

ループが1回実行されるたびに、ラムダ関数がボタンのxとyの値（何列目の何行目かを示すよ）をセットしていく。ボタンが押されると、あとで作る**シンボル表示( )**関数が呼び出され、このxとyの値が引数として渡される。だから**シンボル表示( )**関数は、どの列のどの行のボタンが押され、どのシンボルを表示させればいいかがわかるんだ。

神経すい弱 **185**

> #### 覚えておこう
> ## 入れ子（ネスト）構造のループ
> 35ページでも入れ子構造のループをあつかったけれど、覚えているかな？ ループの中にいくらでもループを入れられるという話だ。このプロジェクトでは外側のループが6回実行され、その1回ごとに内側のループが4回実行される。だから内側のループは6×4で合計24回実行されるんだ。

9 メインループを作る
では、**Tkinter**の**mainloop**をスタートさせよう。メインループが動き出すと、GUIを表示してボタンが押されるのを待ち続けるよ。右の太字の1行をステップ8で書いたソースコードの下に書き加えよう。

```
ボタンのシンボル[x，y] ＝ シンボル.pop()
```

`root.mainloop()`

10 試しに動かす
プログラムをもう一度実行しよう。表示された**Tkinter**ウィンドウには24個のボタンがきれいに並んでいるはずだ。右のイラストはボタン同士の間が少しはなれすぎているけれど、このように4行6列にきちんと並んでいないなら、ソースコードにまちがいがないかチェックしよう。

11 シンボルを表示する

最後に、ボタンが押されたときの処理をする関数を定義しよう。この関数はシンボルの表示処理をするけれど、プレイヤーがボタンを押すのが一手のうち1回目なのか2回目なのかで対応を変えるんだ。もし1回目（初回）なら、どのボタンが押されたかを記録するだけでいい。でも2回目なら、シンボルが1回目と同じかチェックしなければならないぞ。ちがうならシンボルをまたかくしてしまう。同じならシンボルは表示したままにしてボタンを押せなくするよ。

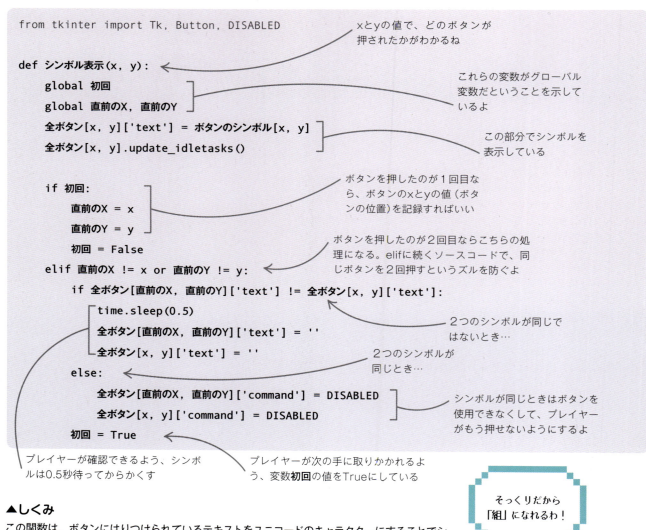

```
from tkinter import Tk, Button, DISABLED

def シンボル表示(x, y):
    global 初回
    global 直前のX, 直前のY
    全ボタン[x, y]['text'] = ボタンのシンボル[x, y]
    全ボタン[x, y].update_idletasks()

    if 初回:
        直前のX = x
        直前のY = y
        初回 = False
    elif 直前のX != x or 直前のY != y:
        if 全ボタン[直前のX, 直前のY]['text'] != 全ボタン[x, y]['text']:
            time.sleep(0.5)
            全ボタン[直前のX, 直前のY]['text'] = ''
            全ボタン[x, y]['text'] = ''
        else:
            全ボタン[直前のX, 直前のY]['command'] = DISABLED
            全ボタン[x, y]['command'] = DISABLED
        初回 = True
```

xとyの値で、どのボタンが押されたかがわかるね

これらの変数がグローバル変数だということを示しているよ

この部分でシンボルを表示している

ボタンを押したのが1回目なら、ボタンのxとyの値（ボタンの位置）を記録すればいい

ボタンを押したのが2回目ならこちらの処理になる。elifに続くソースコードで、同じボタンを2回押すというズルを防ぐよ

2つのシンボルが同じではないとき…

2つのシンボルが同じとき…

シンボルが同じときはボタンを使用できなくして、プレイヤーがもう押せないようにするよ

プレイヤーが確認できるよう、シンボルは0.5秒待ってからかくす

プレイヤーが次の手に取りかかれるよう、変数**初回**の値をTrueにしている

▲しくみ

この関数は、ボタンにはりつけられているテキストをユニコードのキャラクターにすることでシンボルを表示している。キャラクターはランダムに割りあてられるよ。**update_idletasks()** 関数を使って、**Tkinter**にシンボルをすぐに表示するよう指示している。ボタンを押したのが1回目の場合は、ボタンの位置を示す値を変数に代入するだけだ。でも2回目では、プレイヤーが同じボタンを2回押すズルをしていないかチェックする必要がある。ズルではなかったら、シンボルが1回目と同じかチェックするんだ。同じでないなら、テキストを空の文字列にしてシンボルを見えなくしてしまう。同じなら、シンボルを表示したままにしてボタンを押せなくするぞ。

そっくりだから「組」になれるわ！

改造してみよう

このゲームの改造方法はいろいろあるぞ。ゲームを終えるためにかかった手の数を最後に表示すれば、ハイスコアにチャレンジしたり、友だちと対戦もできる。シンボルの数を増やしてゲームをむずかしくすることもできるね。

手数を表示する

今の状態では、プレイヤーは自分が何回ボタンをクリックしたのかわからないし、友だちとどちらが上手いのかもわからない。どうすればゲームを対戦型にできるかな？ プレイヤーがゲーム終了までにかかった手数を記録する変数を作ればいい。そうすればだれが最も少ない手数でゲームを終えたかがわかるね。

1 モジュールを追加する

ゲームの最後に手数を表示するためにはTkinterのmessageboxウィジェットが必要だ。モジュールを組み入れている行のDISABLEDのあとにmessageboxを追加しよう。

```
from tkinter import Tk, Button, DISABLED, messagebox
```

2 新しい変数を定義する

この改造のために変数を2つ増やすよ。プレイヤーの手数を記録する変数と、その時点で何組のシンボルを当てているかを記録しておく変数だ。どちらもゲーム開始時の初期値は0になるよ。**直前のY**を定義しているすぐあとに書き加えよう。

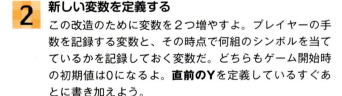

プレイヤーはまだボタンをクリックしていないし、組にできたシンボルもないから値を0にするよ

3 グローバル変数だと示す

グローバル変数の**手数**と**組数**の値を、**シンボル表示()** 関数の中で変える必要があるね。**シンボル表示()** 関数に、この2つがグローバル変数だと教えないといけない。関数のソースコードの先頭近くに、下のように書きこんでおこう。

```
def シンボル表示(x, y):
    global 初回
    global 直前のX, 直前のY
    global 手数
    global 組数
```

4 手数をカウントする

一手でボタンを2回押すことになるから、**シンボル表示()** 関数が呼び出されるごとに手数に1を加える必要はないね。ボタンが押された1回目か2回目のどちらかだけで、1を加算すればいい。1回目にボタンが押されたときに加算するようにしてみよう。**シンボル表示()** 関数を右のように変えてね。

```
if 初回:
    直前のX = x
    直前のY = y
    初回 = False
    手数 = 手数 + 1
```

5 メッセージの表示

シンボル表示() 関数のソースコードの終わり近くに、下のように書き加えよう。組にできたシンボルが何組あるかを記録し、ゲームの終わりにはプレイヤーの手数をメッセージボックスで表示する。メッセージボックスのOKボタンをプレイヤーが押すと、次のステップ6で作る**クローズウィンドウ()** 関数が呼び出されるんだ。

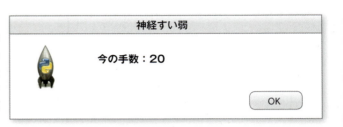

```
全ボタン[x, y]['command'] = DISABLED
組数 = 組数 + 1
if 組数 == len(全ボタン)/2:
    messagebox.showinfo('神経すい弱', '今の手数：' + \
                        str(手数), command=クローズウィンドウ())
```

できた組の数(組数)に1を加える

手数を知らせるメッセージボックスを表示する

すべての組ができたら、この下のソースコードを実行するよ

▲しくみ

シンボルは全部で12組だから、改造するときに**組数 == 12**としてもいいわけだ。でも、もっとスマートなやり方にしよう。**if 組数 == len(全ボタン)/2**として計算させるんだ。こうしておけば、ボタンの数を増やしたとしても、この部分のソースコードを変える必要はなくなるね。

6 ウィンドウを閉じる

最後に**クローズウィンドウ()** 関数を作ろう。「手数」を表示するメッセージボックスのOKボタンを押したら、ゲームを終えるようにするんだ。下のソースコードを、モジュールを組み入れる行のすぐ下に追加しよう。

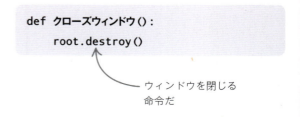

ウィンドウを閉じる命令だ

ボタンを増やす

ボタンとシンボルを増やして、プレイヤーの記憶力をとことんまで試してみよう。

1 シンボルを増やす

まずシンボルの組をリストに追加しよう。下の太字の行を書き加えてね。

U+2733 U+2734 U+2744

```
シンボル = [u'\u2702', u'\u2702', u'\u2705', u'\u2705', u'\u2708', u'\u2708',
u'\u2709', u'\u2709', u'\u270A', u'\u270A', u'\u270B', u'\u270B',
u'\u270C', u'\u270C', u'\u270F', u'\u270F', u'\u2712', u'\u2712',
u'\u2714', u'\u2714', u'\u2716', u'\u2716', u'\u2728', u'\u2728',
u'\u2733', u'\u2733', u'\u2734', u'\u2734', u'\u2744', u'\u2744']
```

リストの最後にシンボルを3組追加しよう

2 ボタンを増やす

次にボタンを追加するよ。入れ子式ループの中の**y**の**range**を4から5にする必要がある。右のように変えてね。

```
for x in range(6):
    for y in range(5):
```

ボタンを4行ではなく5行に並べるよ

3 もっと増やす？

これで合計30のボタンが並ぶことになった。さらに増やしたいなら、6の倍数ずつ増やしていけばいいね。列が整ってきれいに並ぶぞ。ボタンの並び方を変えてみたいなら、入れ子式ループの中を改造してみよう。

U+2747 U+274C U+274E U+2753 U+2754

U+2755 U+2757 U+2764 U+2795 U+2796

U+2797 U+27A1 U+27B0

エッグ・キャッチャー

プレイヤーの集中力と反射神経を試すゲームだ。プレッシャーに負けず、できるだけたくさんのタマゴ（エッグ）をキャッチしてハイスコアを目指そう。さあ友だちと競争だ！

タマゴを受け止めると10ポイントだ

左右の矢印キーを押してキャッチャーを左右に動かそう

どのように動くのか

画面下のキャッチャーを動かして、タマゴが地面に落ちる前に受け止めよう。タマゴを受け止めるたびにポイントが入るけれど、落とすとライフが減ってしまうぞ。ただし、タマゴを多く受け止めるほど、画面上に現れるタマゴの数が増え、落ちるスピードが上がっていくんだ。ライフを3つ失ったらゲームオーバーだ。

うまくなるヒント

タイミング

このゲームではタイミングが重要だ。タマゴが現れる間かくを4秒ごとで始めているのは、これより短いと、あっという間にタマゴが増えてしまうからだ。タマゴの位置は、最初は2分の1秒ごとに変わっていく。この間かくを短くするとゲームはとてもむずかしくなるよ。キャッチャーの方は10分の1秒ごとに位置をチェックしているぞ。この間かくを長くすると、タマゴを落としやすくなる。もしプレイしてみてかんたんだったら、タマゴが落ちる速さと数を増やしてみよう。挑戦しがいのあるゲームになるよ。

エッグ・キャッチャー **191**

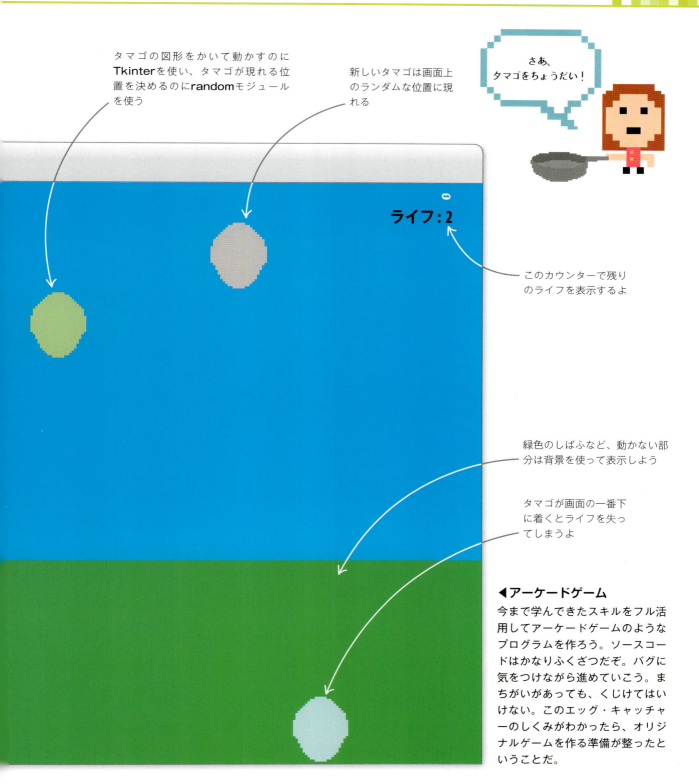

◀アーケードゲーム
今まで学んできたスキルをフル活用してアーケードゲームのようなプログラムを作ろう。ソースコードはかなりふくざつだぞ。バグに気をつけながら進めていこう。まちがいがあっても、くじけてはいけない。このエッグ・キャッチャーのしくみがわかったら、オリジナルゲームを作る準備が整ったということだ。

しくみ

背景をかき終わると、タマゴ現れて少しずつ上から下へと動くよ。まるで落ちてくるように見えるぞ。ループを使ってタマゴの座標をチェックし続け、地面に落ちてしまったのか、それともキャッチャーに入ったのかを判定する。どちらの場合もタマゴを画面から消すぞ。それからスコアと残りライフの値を変えるんだ。

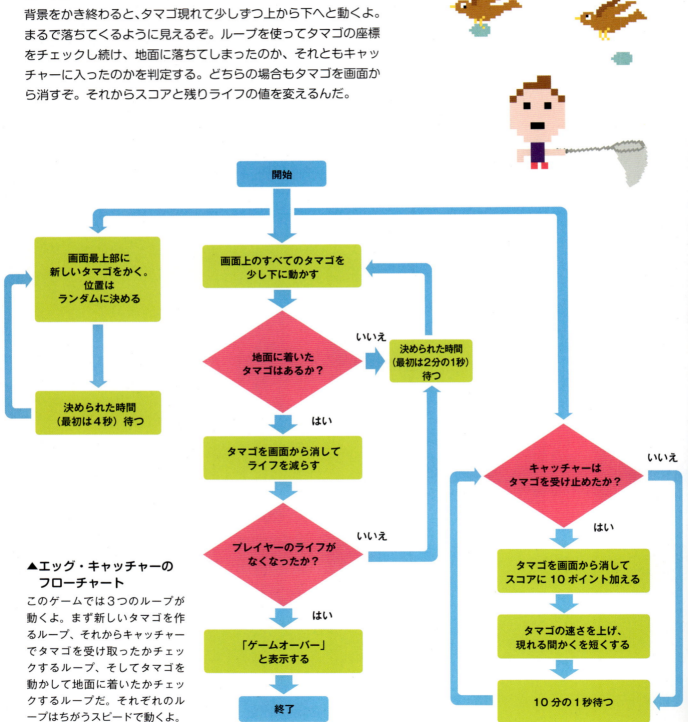

▲エッグ・キャッチャーのフローチャート

このゲームでは3つのループが動くよ。まず新しいタマゴを作るループ、それからキャッチャーでタマゴを受け取ったかチェックするループ、そしてタマゴを動かして地面に着いたかチェックするループだ。それぞれのループはちがうスピードで動くよ。

エッグ・キャッチャー **193**

準備段階

まずプロジェクトに必要なモジュールの機能を使えるようにするよ。それからゲームのメインになる関数を作れるよう、いろいろな設定をしていこう。

1 ファイルを作る

IDLEを起動して新しいファイルを作り、「エッグ・キャッチャー.py」という名前でセーブしよう。

2 モジュールを組み入れる

このゲームでは3つのモジュールを使うよ。タマゴの色をつぎつぎと変えるために**itertools**、タマゴをランダムな位置に置くために**random**、画面に図形をかいて動いているように見せるために**Tkinter**だ。ソースコードの先頭に右のように入力しよう。

```
from itertools import cycle
from random import randrange
from tkinter import Canvas, Tk, messagebox, font
```

モジュールのうち必要な部分しか組み入れないよ

3 キャンバスをセットする

モジュールを組み入れた行の下に、右のソースコードを書き足そう。太字の最初の2行は、キャンバスの幅と高さを設定するための変数だ。そして太字部分の4行目で、キャンバスを作っているね。それからゲームの背景をかいている。長方形で緑のしばふを、だ円で太陽を表現しているぞ。

```
from tkinter import Canvas, Tk, messagebox, font

キャンバス幅 = 800
キャンバス高さ = 400

root = Tk()
c = Canvas(root, width=キャンバス幅, height=キャンバス高さ, \
           background='deep sky blue')
c.create_rectangle(-5, キャンバス高さ - 100, キャンバス幅 + 5, \
                   キャンバス高さ + 5, fill='sea green', width=0)
c.create_oval(-80, -80, 120, 120, fill='orange', width=0)
c.pack()
```

ウィンドウを作っているよ

キャンバスは800×400ピクセルの大きさでスカイブルーにぬられるぞ

長い行を複数の行にわけたいときは\（または¥）を入れよう

しばふをかいているぞ

この行で太陽をかいている

pack()関数を使って、ゲーム用ウィンドウに背景の部品を配置している

4 キャンバスを見てみよう

プログラムを実行してみて、どんなキャンバスが作られるのかチェックだ。緑のしばふの上に青空が広がり、太陽が明るくかがやいているはずだね。やる気があれば、ちがう形や色の図形を使ってオリジナルの背景をかいてみよう。うまくいかなかったら、いつでも上のソースコードに戻せるからね。

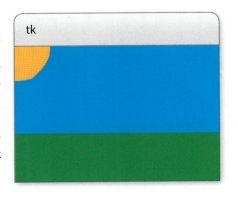

5 タマゴを用意する

今度はタマゴの色、幅、高さを記録するための変数を作ろう。他にもスコア、タマゴが動く（落ちる）速さ、新しいタマゴが出現する間かく（ミリ秒で数えるよ）をセットする変数も必要だ。タマゴの速さや出てくる間かくをどれくらい変えるかは、**むずかしさ**という変数でコントロールする。**むずかしさ**の値が小さいほどゲームがハードになるよ。

```
c.pack()

色のサイクル = cycle(['light blue', 'light green', 'light pink', 'light yellow', 'light cyan'])
タマゴ幅 = 45
タマゴ高さ = 55
タマゴ得点 = 10
タマゴ速さ = 500
タマゴ間かく = 4000
むずかしさ = 0.95
```

cycle()関数で、リストの中の色を順番に使えるようにするぞ

タマゴを受け止めると10ポイントだ

新しいタマゴは4000ミリ秒（4秒）ごとに現れるよ

タマゴを受け止めたあと、タマゴの速さと出てくる間かくをどれだけ変えるかを決める変数だよ。1に近いほどゲームはやさしくなるよ

6 キャッチャーを用意する

次にキャッチャー用の変数を作るぞ。タマゴと同じように色とサイズを決める変数が必要だけれど、他にもキャッチャーの開始位置を決める変数を4つ作ろう。開始位置はキャンバスとキャッチャーの大きさから計算するよ。キャッチャーは、色、サイズ、開始位置のデータをもとにかかれた弓形だ。

セーブをわすれないように

```
むずかしさ = 0.95

キャッチャー色 = 'blue'
キャッチャー幅 = 100
キャッチャー高さ = 100
キャッチャー初期位置x = キャンバス幅 / 2 - キャッチャー幅 / 2
キャッチャー初期位置y = キャンバス高さ - キャッチャー高さ - 20
キャッチャー初期位置x2 = キャッチャー初期位置x + キャッチャー幅
キャッチャー初期位置y2 = キャッチャー初期位置y + キャッチャー高さ

キャッチャー = c.create_arc(キャッチャー初期位置x, キャッチャー初期位置y, \
                      キャッチャー初期位置x2, キャッチャー初期位置y2, start=200, extent=140, \
                      style='arc', outline=キャッチャー色, width=3)
```

弓形をかくときに利用する円の大きさ（右ページ参照）

この部分でキャッチャーの開始位置を決めているね。キャンバスの底に近い場所で、ウィンドウの真ん中になるようにしているぞ

弓形はまず200度の位置からかき始める

弓形は140度開いた形にするよ

キャッチャーをかいている

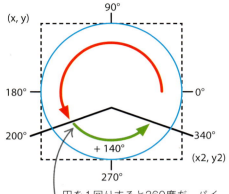

◀しくみ

キャッチャーは弓形をしている。円の一部を切り取ったおうぎ形の弧の部分を使えばいいね。**Tkinter**で円をかくときは、見えない箱の中にかいているんだ。**キャッチャー初期位置x**と**y**はこの見えない箱の頂点の1つの座標を指しているよ。**キャッチャー初期位置x2**と**y2**はその向かい側の頂点の座標だ。**create_arc()**関数の引数のうち**start**は、円のどの位置から曲線をかくか、そして**extent**は、おうぎ形の中心角が何度かを示すんだ。

円を1回りすると360度だ。パイソンの場合、位置を度で表すと上の図のようになる。200度は左下側だ。ここから反時計回りに140度回ったところまで曲線をかくよ。

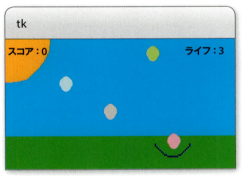

7 スコアとライフのカウンター

キャッチャーを作る部分のあとに、開始時のスコアを0にし、画面にスコアのカウンターを表示するためのソースコードを書こう。残りライフの初期値を3にして、画面にライフのカウンターも表示するぞ。プログラムが動くかチェックするには、下のソースコードの最後に**root.mainloop()**と追加すればいい。チェックが終わったら、この命令は消してしまおう。あとでもう一度、きちんと書くからね。

```
キャッチャー = c.create_arc(キャッチャー初期位置x, キャッチャー初期位置y, \
                  キャッチャー初期位置x2, キャッチャー初期位置y2, start=200, extent=140, \
                  style='arc', outline=キャッチャー色, width=3)

game_font = font.nametofont('TkFixedFont')
game_font.config(size=18)

スコア = 0
スコアテキスト = c.create_text(10, 10, anchor='nw', font=game_font, fill='darkblue', \
                    text='スコア: ' + str(スコア))
残りライフ = 3
ライフテキスト = c.create_text(キャンバス幅 - 10, 10, anchor='ne', font=game_font, fill='darkblue', \
                    text='ライフ: ' + str(残りライフ))
```

この行ではフォントを指定しているぞ

この数を変えれば表示される文字の大きさを変えられるよ

プレイヤーはライフを3つ持ってゲームを始めるぞ

ゲームを進行させる

プログラミングのうち準備段階は終わったから、今度はゲームを進める部分を作っていこう。タマゴを作って落とす関数と、タマゴを受け止めるのに必要な関数、そしてタマゴが地面に落ちたか判定し処理する関数を作るよ。

8 タマゴを作る

下のソースコードを書き加えるよ。画面に表示されているタマゴの状態を記録するリストを作り、新しいタマゴが現れる位置（x座標はランダムに決まる）を決定する関数 **タマゴを作る()** を定義する。この関数は、だ円を使ってタマゴをかき、リストに追加していくぞ。しばらくあとでこの関数がもう一度呼ばれるよう、タイマーもセットしよう。

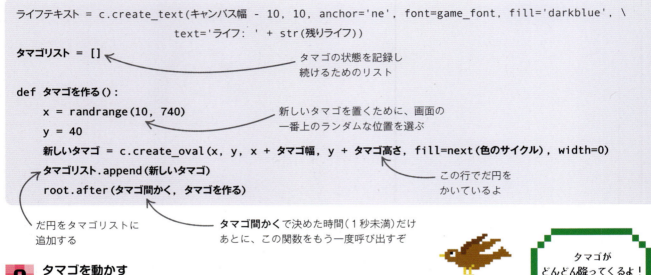

```
ライフテキスト = c.create_text(キャンバス幅 - 10, 10, anchor='ne', font=game_font, fill='darkblue', \
                  text='ライフ： ' + str(残りライフ))

タマゴリスト = []    ← タマゴの状態を記録し続けるためのリスト

def タマゴを作る():
    x = randrange(10, 740)    ← 新しいタマゴを置くために、画面の一番上のランダムな位置を選ぶ
    y = 40
    新しいタマゴ = c.create_oval(x, y, x + タマゴ幅, y + タマゴ高さ, fill=next(色のサイクル), width=0)
                                                                    ← この行でだ円をかいているよ
    タマゴリスト.append(新しいタマゴ)    ← だ円をタマゴリストに追加する
    root.after(タマゴ間かく, タマゴを作る)    ← タマゴ間かくで決めた時間（1秒未満）だけあとに、この関数をもう一度呼び出すぞ
```

9 タマゴを動かす

タマゴを作る() 関数の次に、**タマゴを動かす()** 関数を定義してタマゴが落ちていくようにしよう。この関数のループはリスト内のタマゴ（画面に表示されている）を順にすべて見ていくよ。そしてタマゴのy座標の値を増やし、タマゴを画面下に向けて動かすんだ。タマゴを動かすたびに画面の一番下に着いたかをチェックして、着いていたら**タマゴ地面落下()** 関数を呼び出す。最後にタイマーをセットして、少ししたらもう一度**タマゴを動かす()** 関数が呼び出されるようにしているね。

タマゴがどんどん降ってくるよ！

```
    root.after(タマゴ間かく, タマゴを作る)

def タマゴを動かす():
    for タマゴ in タマゴリスト:    ← すべてのタマゴをチェックするぞ
        (タマゴx, タマゴy, タマゴx2, タマゴy2) = c.coords(タマゴ)    ← 表示されているタマゴそれぞれの座標を調べているよ
        c.move(タマゴ, 0, 10)    ← タマゴは一度に10ピクセル落ちるよ
        if タマゴy2 > キャンバス高さ:    ← タマゴが地面に着いたかチェックだ
            タマゴ地面落下(タマゴ)    ← もし地面に着いていたら、落ちたタマゴを処理する関数を呼び出す
    root.after(タマゴ速さ, タマゴを動かす)    ← タマゴ速さの値（ミリ秒単位）だけあとにもう一度この関数を呼び出す
```

エッグ・キャッチャー 197

10 タマゴが落ちた！

続いて**タマゴ地面落下( )**関数を定義しよう。タマゴが地面に着いたらリストから取りのぞき、キャンバスから消してしまう。それから次のステップ11で作る**ライフを失う( )**関数を使って、残りライフから1を引くんだ。残りライフが0になったら、「ゲームオーバー」というメッセージを表示するよ。

残りライフがなくなったらプレイヤーにゲームが終わったことを知らせよう

```
root.after(タマゴ速さ, タマゴを動かす)

def タマゴ地面落下(タマゴ):
    タマゴリスト.remove(タマゴ)
    c.delete(タマゴ)
    ライフを失う()
    if 残りライフ == 0:
        messagebox.showinfo('ゲームオーバー!', '最終スコア: ' \
                            + str(スコア))
        root.destroy()
```

タマゴリストからタマゴを取り去るよ

キャンバスからタマゴを消してしまおう

ライフを失う( )関数を呼び出す

ゲームを終わらせるぞ

11 ライフを失う

ライフを減らすには、変数**残りライフ**から1を引き、その結果を画面に表示するだけだ。右のように**タマゴ地面落下( )**関数のあとに書き加えるぞ。

```
root.destroy()

def ライフを失う():
    global 残りライフ
    残りライフ -= 1
    c.itemconfigure(ライフテキスト, text='ライフ: ' \
                    + str(残りライフ))
```

関数内で値を変えるので、この変数はグローバル変数にする必要があるね

プレイヤーのライフが1減る

残りライフの表示テキストを書きかえるよ

12 受け止めたかな？

タマゴが弓形のキャッチャーで受け止められたかを判定する**キャッチチェック( )**関数を定義しよう。受け止められたかのチェックは、**for**ループでそれぞれのタマゴの座標とキャッチャーの座標をくらべるんだ。もしタマゴが弓形の中に入っていたら、受け止めたと判定してタマゴをリストから取りのぞき、画面からは消してしまう。そしてスコアにポイントを加えるんだ。

```
c.itemconfigure(ライフテキスト, text='ライフ: ' + str(残りライフ))

def キャッチチェック():
    (キャッチャーx, キャッチャーy, キャッチャーx2, キャッチャーy2) = c.coords(キャッチャー)
    for タマゴ in タマゴリスト:
        (タマゴx, タマゴy, タマゴx2, タマゴy2) = c.coords(タマゴ)
        if キャッチャーx < タマゴx and タマゴx2 < キャッチャーx2 and キャッチャーy2 - タマゴy2 < 40:
            タマゴリスト.remove(タマゴ)
            c.delete(タマゴ)
            スコア加算(タマゴ得点)
    root.after(100, キャッチチェック)
```

キャッチャーの座標を調べるぞ

それぞれのタマゴの座標を調べる

10ポイントずつスコアを増やす

100ミリ秒（10分の1秒）後にもう一度この関数を呼び出す

タマゴが縦横のどちらの方向で判定しても、キャッチャーの中に入っているか？

ゲームを作ってみよう

13 スコアを増やす

スコア加算( ) 関数は、引数**ポイント**の値だけスコアを増やすよ。それから変数**むずかしさ**でかけ算をして、タマゴの速さと現れる間かくを計算し直すんだ。最後に、画面に表示されているスコアのテキストを、新しいスコアを使って書きかえる。**キャッチチェック( )** 関数に続けて定義しよう。

これだけタマゴを集めれば十分ね！

```
    root.after(100, キャッチチェック)

def スコア加算(ポイント):
    global スコア, タマゴ速さ, タマゴ間かく
    スコア += ポイント
    タマゴ速さ = int(タマゴ速さ * むずかしさ)
    タマゴ間かく = int(タマゴ間かく * むずかしさ)
    c.itemconfigure(スコアテキスト, text='スコア: ' + str(スコア))
```

プレイヤーのスコアを増やす

スコアを表示しているテキストを書きかえているよ

タマゴをキャッチしよう！

画面に登場するアイテムを作ったり動かすための関数はこれでそろったよ。残るはキャッチャーをコントロールする関数と、ゲームをスタートさせるのに必要な命令だ。

14 コントローラーを作る

関数**左に動く( )** と**右に動く( )** は、キャッチャーの座標を調べて、画面から出てしまわないようにするよ。もしキャッチャーが画面の端(はし)に着いていないなら、20ピクセルずつ動かす。この2つの関数は**bind( )** 関数でキーボードの左右の矢印キーと結びつけられているんだ。また**focus_set( )** 関数は、ゲームの画面をアクティブにしてキーが押されたかプログラムがわかるようにする。**スコア加算( )** のあとに、関数を続けて書いていこう。

```
    c.itemconfigure(スコアテキスト, text='スコア: ' \
        + str(スコア))

def 左に動く(イベント):
    (x1, y1, x2, y2) = c.coords(キャッチャー)
    if x1 > 0:
        c.move(キャッチャー, -20, 0)

def 右に動く(イベント):
    (x1, y1, x2, y2) = c.coords(キャッチャー)
    if x2 < キャンバス幅:
        c.move(キャッチャー, 20, 0)

c.bind('<Left>', 左に動く)
c.bind('<Right>', 右に動く)
c.focus_set()
```

キャッチャーは画面左端に着いたかな？

着いていないならキャッチャーを左に動かす

キャッチャーは画面右端に着いたかな？

着いていないならキャッチャーを右に動かす

この2行はキーが押されたときに関数を呼び出すよ

15 ゲーム開始

3つの関数はどれもループを動かすけれど、メインのループよりも先に実行しないよう注意しよう。そのためにタイマーを使っているんだね。すべてのループとタイマーをコントロールする**Tkinter**のループは、**mainloop()**関数がスタートさせる。プログラミングが終わったら、ゲームを楽しもう！

```
c.focus_set()

root.after(1000, タマゴを作る)
root.after(1000, タマゴを動かす)
root.after(1000, キャッチチェック)
root.mainloop()
```

プログラムを起動させてから1000ミリ秒（1秒）後に3つのゲームループが動き始めるぞ

この行でメインのTkinterのループをスタートさせる

改造してみよう

ゲームの見た目をよくするため、背景を工夫してみよう。楽しい効果音や音楽を加えるのも、ゲームを盛り上げるためのよい方法だ。

うまくなるヒント
モジュールのインストール

パイソンには**Pygame**などの便利なモジュールがあるけれど、標準ライブラリに入っていないものが多いんだ。だから使いたいときは、ソースコードの先頭でインストールしておかなければならない。インストール方法は**https://docs.python.jp/3/installing/index.html**などに書いてあるよ。

◀背景をかえる

Tkinterでは、キャンバスの背景を好きな画像にかえられる。GIF形式のファイルなら**tkinter.PhotoImage**で読みこめばいい。GIF以外の形式の場合は、画像をあつかうモジュールの**Pillow**の使い方を調べてみよう。

▶音を加える

ゲームにBGMや効果音を加えて、タマゴを受け取ったりライフが減ったときに鳴らしてみよう。使うモジュールは**pygame.mixer**だ。ただし**pygame**は標準ライブラリには入っていないから、ソースコードの先頭でインストールしなければならない。それから鳴らしたい音源ファイルのコピーを、ソースコードと同じフォルダに入れておこう。これだけの準備ができれば、ソースコードに数行書き加えるだけで音を鳴らせるぞ。

```
import time

from pygame import mixer

mixer.init()
beep = mixer.Sound("beep.wav")
beep.play()
time.sleep(5)
```

ミキサに音を鳴らす準備をさせる

ミキサに鳴らす音を指示する

音を鳴らす

プレイヤーが音を聞けるよう処理を一時止める

リファレンス

202 リファレンス

ソースコード

この本で紹介したプロジェクトのソースコード集だ。
改造した場合のソースコードはのっていないよ。プロ
グラムがうまく動かないときは、君のソースコードを
このソースコード集と見くらべてみよう。

動物クイズ（36ページ）

```
def 解答チェック(解答, 正解):
    global スコア
    解答中 = True
    回数 = 0
    while 解答中 and 回数 < 3:
        if 解答.lower() == 正解.lower():
            print('当たり')
            スコア = スコア + 1
            解答中 = False
        else:
            if 回数 < 2:
                解答 = input('残念、はずれだよ。もう一度答えを入力しよう。')
            回数 = 回数 + 1

    if 回数 == 3:
        print('正解は' + 正解 + 'でした。')

スコア = 0
print('この動物は何でしょう? 全角のカタカナで答えてね。')
解答1 = input('一番大きな鳥は?')
解答チェック(解答1, 'ダチョウ')
解答2 = input('一番速く走る動物は?')
解答チェック(解答2, 'チーター')
解答3 = input('一番大きな動物は?')
解答チェック(解答3, 'シロナガスクジラ')

print('得点は' + str(スコア) + '点でした。')
```

パスワード生成機（52ページ）

```
import random
import string

形容詞リスト = ['strong', 'happy', 'dry',
            'wet', 'hungry', 'red',
            'orange', 'yellow', 'green',
            'blue', 'gray', 'big',
```

```
               'white', 'kind', 'busy']
名詞リスト = ['apple', 'tiger', 'ball',
             'desk', 'goat', 'dragon',
             'piano', 'duck', 'panda']

print('これからパスワードを生成します。')

while True:
    形容詞 = random.choice(形容詞リスト)
    名詞 = random.choice(名詞リスト)
    数 = random.randrange(0, 100)
    記号 = random.choice(string.punctuation)

    パスワード = 形容詞 + 名詞 + str(数) + 記号
    print('新しいパスワードは: %s' % パスワード)

    回答 = input('他のパスワードにしたいですか?　yかnで答えてください。:')
    if 回答 == 'n':
        break
```

文字当てゲーム（60ページ）

```
import random

残りライフ = 9
ワードリスト = ['じゃがいも', 'ひやしんす', 'はみがきこ', 'せんたくき', 'きたきつね', 'ぐらいだー']
シークレットワード = random.choice(ワードリスト)
ヒントリスト = list('?????')
ハートマーク = u'\u2764'
入力_正解 = False

def ヒント書きかえ(入力文字, シークレットワード, ヒントリスト):
    番号 = 0
    while 番号 < len(シークレットワード):
        if 入力文字 == シークレットワード[番号]:
            ヒントリスト[番号] = 入力文字
        番号 = 番号 + 1

while 残りライフ > 0:
    print(ヒントリスト)
    print('残りライフ:' + ハートマーク * 残りライフ)
    入力文字 = input('秘密のことばを当ててください(全角ひらがな):')

    if 入力文字 == シークレットワード:
        入力_正解 = True
        break

    if 入力文字 in シークレットワード:
        ヒント書きかえ(入力文字, シークレットワード, ヒントリスト)
    else:
```

```
            print('はずれ。ライフが1つなくなります。')
            残りライフ = 残りライフ - 1

if 入力_正解:
    print('大当たり！ 秘密のことばは ' + \
          シークレットワード + ' でした。')
else:
    print('残念！ 秘密のことばは ' + \
          シークレットワード + ' でした。')
```

ロボットを作ろう(72ページ)

```
import turtle as t

def 長方形(横, 縦, 色):
    t.pendown()
    t.pensize(1)
    t.color(色)
    t.begin_fill()
    for 回数 in range(1, 3):
        t.forward(横)
        t.right(90)
        t.forward(縦)
        t.right(90)
    t.end_fill()
    t.penup()

t.penup()
t.speed('slow')
t.bgcolor('Dodger blue')

#足
t.goto(-100, -150)
長方形(50, 20, 'blue')
t.goto(-30, -150)
長方形(50, 20, 'blue')

#脚
t.goto(-25, -50)
長方形(15, 100, 'grey')
t.goto(-55, -50)
長方形(-15, 100, 'grey')

#body
t.goto(-90, 100)
長方形(100, 150, 'red')

#腕
t.goto(-150, 70)
長方形(60, 15, 'grey')
```

```
t.goto(-150, 110)
長方形(15, 40, 'grey')

t.goto(10, 70)
長方形(60, 15, 'grey')
t.goto(55, 110)
長方形(15, 40, 'grey')

#首
t.goto(-50, 120)
長方形(15, 20, 'grey')

#頭
t.goto(-85, 170)
長方形(80, 50, 'red')

#目
t.goto(-60, 160)
長方形(30, 10, 'white')
t.goto(-55, 155)
長方形(5, 5, 'black')
t.goto(-40, 155)
長方形(5, 5, 'black')

#口
t.goto(-65, 135)
長方形(40, 5, 'black')

t.hideturtle()
```

スパイラル(82ページ)

```
import turtle
from itertools import cycle

色 = cycle(['red', 'orange', 'yellow' \
            'green', 'blue', 'purple'])

def 円をかく(サイズ, 向き, 位置):
    turtle.pencolor(next(色))
    turtle.circle(サイズ)
    turtle.right(向き)
    turtle.forward(位置)
    円をかく(サイズ + 5, 向き + 1, 位置 + 1)

turtle.bgcolor('black')
turtle.speed('fast')
turtle.pensize(4)
円をかく(30, 0, 1)
```

星空（90ページ）

```python
import turtle as t
from random import randint, random

def 星をかく(とんがりの数, サイズ, 色, X, Y):
    t.penup()
    t.goto(X, Y)
    t.pendown()
    角度 = 180 - (180 / とんがりの数)
    t.color(色)
    t.begin_fill()
    for 回数 in range(とんがりの数):
        t.forward(サイズ)
        t.right(角度)
    t.end_fill()

#メインコード
t.Screen().bgcolor('dark blue')

while True:
    randとんがりの数 = randint(2, 5) * 2 + 1
    randサイズ = randint(10, 50)
    rand色 = (random(), random(), random())
    randX = randint(-350, 300)
    randY = randint(-250, 250)

    星をかく(randとんがりの数, randサイズ, rand色, randX, randY)
```

レインボー・カラー（98ページ）

```python
import random
import turtle as t

def 設定_線の長さ():
    choice = input('線の長さを設定してください（長い、ふつう、短い）: ')
    if choice == '長い':
        線の長さ = 250
    elif choice == 'ふつう':
        線の長さ = 200
    else:
        線の長さ = 100
    return 線の長さ

def 設定_線の太さ():
    choice = input('線の太さを設定してください（極太、太い、細い）: ')
    if choice == '極太':
        線の太さ = 40
    elif choice == '太い':
        線の太さ = 25
```

```python
    else:
        線の太さ = 10
    return 線の太さ

def ウィンドウ内判定():
    左限界 = (-t.window_width() / 2) + 100
    右限界 = (t.window_width() / 2) - 100
    上限界 = (t.window_height() / 2 ) - 100
    下限界 = (-t.window_height() / 2 ) + 100
    (x, y) = t.pos()
    ウィンドウ内 = 左限界 < x < 右限界 and 下限界 < y < 上限界
    return ウィンドウ内

def タートルを動かす(線の長さ):
    ペンの色 = ['red', 'orange', 'yellow', 'green', 'blue', 'purple']
    t.pencolor(random.choice(ペンの色))
    if ウィンドウ内判定():
        向き = random.randint(0, 180)
        t.right(向き)
        t.forward(線の長さ)
    else:
        t.backward(線の長さ)

線の長さ = 設定_線の長さ()
線の太さ = 設定_線の太さ()

t.shape('turtle')
t.fillcolor('green')
t.bgcolor('black')
t.speed('fastest')
t.pensize(線の太さ)

while True:
    タートルを動かす(線の長さ)
```

カウントダウン・カレンダー（110ページ）

```python
from tkinter import Tk, Canvas
from datetime import date, datetime

def イベント読みこみ():
    イベントリスト = []
    with open('イベント.txt', encoding='UTF-8') as ファイル:
        for データ行 in ファイル:
            データ行 = データ行.rstrip('\n')
            処理中イベント = データ行.split(',')
            イベント日付 = datetime.strptime(処理中イベント[1], '%y/%m/%d').date()
            処理中イベント[1] = イベント日付
            イベントリスト.append(処理中イベント)
    return イベントリスト
```

```
def 日数計算(日付1, 日付2):
    日数_計算結果 = str(日付1 - 日付2)
    日数_表示用 = 日数_計算結果.split(' ')
    return 日数_表示用[0]

root = Tk()
c = Canvas(root, width=800, height=800, bg='black')
c.pack()
c.create_text(100, 50, anchor='w', fill='orange', font='Arial 28 bold underline', \
              text='カウントダウン・カレンダー')

全イベント = イベント読みこみ()
現在日 = date.today()

行位置 = 100

for 各イベント in 全イベント:
    イベント名 = 各イベント[0]
    残り日数 = 日数計算(各イベント[1], 現在日)
    メッセージ = '%s まであと %s 日です。' % (イベント名, 残り日数)
    c.create_text(100, 行位置, anchor='w', fill='lightblue',\
                  font='Arial 28 bold', text=メッセージ)

    行位置 = 行位置 + 30
```

エキスパートシステム（120ページ）

```
from tkinter import Tk, simpledialog, messagebox

def ファイル読みこみ():
    with open('首都データ.txt', encoding='UTF-8') as ファイル:
        for データ行 in ファイル:
            データ行 = データ行.rstrip('\n')
            国, 都市 = データ行.split('/')
            世界[国] = 都市

def ファイル書きこみ(国名, 都市名):
    with open('首都データ.txt', 'a', encoding='UTF-8') as ファイル:
        ファイル.write(国名 + '/' + 都市名 + '\n')

print('エキスパートシステムに聞いてみよう　世界の国々の首都')
root = Tk()
root.withdraw()
世界 = {}

ファイル読みこみ()

while True:
    問い_国 = simpledialog.askstring('国', '国名を入力してください:')

    if 問い_国 in 世界:
```

```
            結果 = 世界[問い_国]
            messagebox.showinfo('答え',
                                  問い_国 + 'の首都は' + 結果 + '!')
        else:
            新しい都市 = simpledialog.askstring('教えて',
                                  問い_国 + 'の首都は知りません。どこですか?')
            世界[問い_国] = 新しい都市
            ファイル書きこみ(問い_国, 新しい都市)

root.mainloop()
```

ひみつのメッセージ（130ページ）

```
from tkinter import messagebox, simpledialog, Tk

def 偶数チェック(数):
    return 数 % 2 == 0

def 偶数番目の文字取得(メッセージ):
    偶数番目文字 = []
    for カウンター in range(0, len(メッセージ)):
        if 偶数チェック(カウンター):
            偶数番目文字.append(メッセージ[カウンター])
    return 偶数番目文字

def 奇数番目の文字取得(メッセージ):
    奇数番目文字 = []
    for カウンター in range(0, len(メッセージ)):
        if not 偶数チェック(カウンター):
            奇数番目文字.append(メッセージ[カウンター])
    return 奇数番目文字

def 文字入れかえ(メッセージ):
    文字リスト = []
    if not 偶数チェック(len(メッセージ)):
        メッセージ = メッセージ + 'x'
    偶数番目文字 = 偶数番目の文字取得(メッセージ)
    奇数番目文字 = 奇数番目の文字取得(メッセージ)
    for カウンター in range(0, int(len(メッセージ)/2)):
        文字リスト.append(奇数番目文字[カウンター])
        文字リスト.append(偶数番目文字[カウンター])
    処理後メッセージ = ''.join(文字リスト)
    return 処理後メッセージ

def 処理選択():
    処理 = simpledialog.askstring('処理', '暗号化しますか復号しますか?')
    return 処理
```

```
def メッセージ入力():
    メッセージ = simpledialog.askstring('メッセージ', 'ひみつのメッセージを入力してください:')
    return メッセージ

root = Tk()

while True:
    処理 = 処理選択()
    if 処理 == '暗号化':
        メッセージ = メッセージ入力()
        暗号化_メッセージ = 文字入れかえ(メッセージ)
        messagebox.showinfo('暗号文は:', 暗号化_メッセージ)
    elif 処理 == '復号':
        メッセージ = メッセージ入力()
        復号_メッセージ = 文字入れかえ(メッセージ)
        messagebox.showinfo('平文は:', 復号_メッセージ)
    else:
        break
root.mainloop()
```

ペットをかおう(142ページ)

```
from tkinter import HIDDEN, NORMAL, Tk, Canvas

def 切りかえ_目():
    現在の色 = c.itemcget(左目, 'fill')
    新しい色 = c.どう体_色 if 現在の色 == 'white' else 'white'
    現在の状態 = c.itemcget(左ひとみ, 'state')
    新しい状態 = NORMAL if 現在の状態 == HIDDEN else HIDDEN
    c.itemconfigure(左ひとみ, state=新しい状態)
    c.itemconfigure(右ひとみ, state=新しい状態)
    c.itemconfigure(左目, fill=新しい色)
    c.itemconfigure(右目, fill=新しい色)

def まばたき():
    切りかえ_目()
    root.after(250, 切りかえ_目)
    root.after(3000, まばたき)

def 切りかえ_ひとみ():
    if not c.目が寄っている:
        c.move(左ひとみ, 10, -5)
        c.move(右ひとみ, -10, -5)
        c.目が寄っている = True
    else:
        c.move(左ひとみ, -10, 5)
        c.move(右ひとみ, 10, 5)
        c.目が寄っている = False
```

```python
def 切りかえ_舌():
    if not c.舌を出している:
        c.itemconfigure(舌_先端, state=NORMAL)
        c.itemconfigure(舌_メイン, state=NORMAL)
        c.舌を出している = True
    else:
        c.itemconfigure(舌_先端, state=HIDDEN)
        c.itemconfigure(舌_メイン, state=HIDDEN)
        c.舌を出している = False

def 表情_ふざける(イベント):
    切りかえ_舌()
    切りかえ_ひとみ()
    表情をかくす_幸せ(イベント)
    root.after(1000, 切りかえ_舌)
    root.after(1000, 切りかえ_ひとみ)
    return

def 表情_幸せ(イベント):
    if (20 <= イベント.x and イベント.x <= 350) and (20 <= イベント.y and イベント.y <= 350):
        c.itemconfigure(左ほお, state=NORMAL)
        c.itemconfigure(右ほお, state=NORMAL)
        c.itemconfigure(口_幸せ, state=NORMAL)
        c.itemconfigure(口_ふつう, state=HIDDEN)
        c.itemconfigure(口_悲しい, state=HIDDEN)
        c.幸せ度 = 10
    return

def 表情をかくす_幸せ(イベント):
    c.itemconfigure(左ほお, state=HIDDEN)
    c.itemconfigure(右ほお, state=HIDDEN)
    c.itemconfigure(口_幸せ, state=HIDDEN)
    c.itemconfigure(口_ふつう, state=NORMAL)
    c.itemconfigure(口_悲しい, state=HIDDEN)
    return

def 表情_悲しい():
    if c.幸せ度 == 0:
        c.itemconfigure(口_幸せ, state=HIDDEN)
        c.itemconfigure(口_ふつう, state=HIDDEN)
        c.itemconfigure(口_悲しい, state=NORMAL)
    else:
        c.幸せ度 -= 1
    root.after(5000, 表情_悲しい)

root = Tk()
c = Canvas(root, width=400, height=400)
c.configure(bg='dark blue', highlightthickness=0)
c.どう体_色 = 'SkyBlue1'
```

```
どう体 = c.create_oval(35, 20, 365, 350, outline=c.どう体_色, fill=c.どう体_色)
左耳 = c.create_polygon(75, 80, 75, 10, 165, 70, outline=c.どう体_色, fill=c.どう体_色)
右耳 = c.create_polygon(255, 45, 325, 10, 320, 70, outline=c.どう体_色, \
                        fill=c.どう体_色)
左足 = c.create_oval(65, 320, 145, 360, outline=c.どう体_色, fill=c.どう体_色)
右足 = c.create_oval(250, 320, 330, 360, outline=c.どう体_色, fill=c.どう体_色)

左目 = c.create_oval(130, 110, 160, 170, outline='black', fill='white')
左ひとみ = c.create_oval(140, 145, 150, 155, outline='black', fill='black')
右目 = c.create_oval(230, 110, 260, 170, outline='black', fill='white')
右ひとみ = c.create_oval(240, 145, 250, 155, outline='black', fill='black')

口_ふつう = c.create_line(170, 250, 200, 272, 230, 250, smooth=1, width=2, state=NORMAL)
口_幸せ = c.create_line(170, 250, 200, 282, 230, 250, smooth=1, width=2, state=HIDDEN)
口_悲しい = c.create_line(170, 250, 200, 232, 230, 250, smooth=1, width=2, state=HIDDEN)
舌_メイン = c.create_rectangle(170, 250, 230, 290, outline='red', fill='red', state=HIDDEN)
舌_先端 = c.create_oval(170, 285, 230, 300, outline='red', fill='red', state=HIDDEN)

左ほお = c.create_oval(70, 180, 120, 230, outline='pink', fill='pink', state=HIDDEN)
右ほお = c.create_oval(280, 180, 330, 230, outline='pink', fill='pink', state=HIDDEN)

c.pack()

c.bind('<Motion>', 表情_幸せ)
c.bind('<Leave>', 表情をかくす_幸せ)
c.bind('<Double-1>', 表情_ふざける)

c.幸せ度 = 10
c.目が寄っている = False
c.舌を出している = False

root.after(1000, まばたき)
root.after(5000, 表情_悲しい)
root.mainloop()
```

はらぺこイモムシ（158ページ）

```
import random
import turtle as t

t.bgcolor('yellow')

イモムシ = t.Turtle()
イモムシ.shape('square')
イモムシ.color('red')
イモムシ.speed(0)
イモムシ.penup()
イモムシ.hideturtle()

葉っぱ = t.Turtle()
```

```
葉っぱ_形 = ((0, 0), (14, 2), (18, 6), (20, 20), (6, 18), (2, 14))
t.register_shape('葉っぱ', 葉っぱ_形)
葉っぱ.shape('葉っぱ')
葉っぱ.color('green')
葉っぱ.penup()
葉っぱ.hideturtle()
葉っぱ.speed(0)

ゲーム中 = False
テキスト_タートル = t.Turtle()
テキスト_タートル.write('スペースキーでスタート', align='center', font=('Arial', 16, 'bold'))
テキスト_タートル.hideturtle()

スコア_タートル = t.Turtle()
スコア_タートル.hideturtle()
スコア_タートル.speed(0)

def ウィンドウ外():
    左のかべ = -t.window_width() / 2
    右のかべ = t.window_width() / 2
    上のかべ = t.window_height() / 2
    下のかべ = -t.window_height() / 2
    (x, y) = イモムシ.pos()
    外に出た = \
      x < 左のかべ or \
      x > 右のかべ or \
      y < 下のかべ or \
      y > 上のかべ
    return 外に出た

def ゲームオーバー():
    イモムシ.color('yellow')
    葉っぱ.color('yellow')
    t.penup()
    t.hideturtle()
    t.write('ゲームオーバー!', align='center', font=('Arial', 30, 'normal'))

def スコア表示(現在スコア):
    スコア_タートル.clear()
    スコア_タートル.penup()
    x = (t.window_width() / 2) - 50
    y = (t.window_height() / 2) - 50
    スコア_タートル.setpos(x, y)
    スコア_タートル.write(str(現在スコア), align='right', font=('Arial', 40, 'bold'))

def 葉っぱを置く():
    葉っぱ.ht()
    葉っぱ.setx(random.randint(-200, 200))
```

```
        葉っぱ.sety(random.randint(-200, 200))
        葉っぱ.st()

def ゲーム開始():
    global ゲーム中
    if ゲーム中:
        return
    ゲーム中 = True
    スコア = 0
    テキスト_タートル.clear()

    イモムシ_速さ = 2
    イモムシ_長さ = 3
    イモムシ.shapesize(1, イモムシ_長さ, 1)
    イモムシ.showturtle()
    スコア表示(スコア)
    葉っぱを置く()

    while True:
        イモムシ.forward(イモムシ_速さ)
        if イモムシ.distance(葉っぱ) < 20:
            葉っぱを置く()
            イモムシ_長さ = イモムシ_長さ + 1
            イモムシ.shapesize(1, イモムシ_長さ, 1)
            イモムシ_速さ = イモムシ_速さ + 1
            スコア = スコア +10
            スコア表示(スコア)
        if ウィンドウ外():
            ゲームオーバー()
            break

def 上に向く():
    if イモムシ.heading() == 0 or イモムシ.heading() == 180:
        イモムシ.setheading(90)

def 下に向く():
    if イモムシ.heading() == 0 or イモムシ.heading() == 180:
        イモムシ.setheading(270)

def 左に向く():
    if イモムシ.heading() == 90 or イモムシ.heading() == 270:
        イモムシ.setheading(180)

def 右に向く():
    if イモムシ.heading() == 90 or イモムシ.heading() == 270:
        イモムシ.setheading(0)
t.onkey(ゲーム開始, 'space')
t.onkey(上に向く, 'Up')
t.onkey(右に向く, 'Right')
```

```
t.onkey(下に向く, 'Down')
t.onkey(左に向く, 'Left')
t.listen()
t.mainloop()
```

スナップ (168ページ)

```
import random
import time
from tkinter import Tk, Canvas, HIDDEN, NORMAL

def 次の図形():
    global 図形
    global 前の色
    global 現在の色

    前の色 = 現在の色

    c.delete(図形)
    if len(図形リスト) > 0:
        図形 = 図形リスト.pop()
        c.itemconfigure(図形, state=NORMAL)
        現在の色 = c.itemcget(図形, 'fill')
        root.after(1000, 次の図形)
    else:
        c.unbind('q')
        c.unbind('p')
        if プレイヤー1のスコア > プレイヤー2のスコア:
            c.create_text(200, 200, text='プレイヤー1の勝利')
        elif プレイヤー2のスコア > プレイヤー1のスコア:
            c.create_text(200, 200, text='プレイヤー2の勝利')
        else:
            c.create_text(200, 200, text='引き分け')
        c.pack()

def スナップ(イベント):
    global 図形
    global プレイヤー1のスコア
    global プレイヤー2のスコア
    判定 = False

    c.delete(図形)
    if 前の色 == 現在の色:
        判定 = True

    if 判定:
        if イベント.char == 'q':
            プレイヤー1のスコア = プレイヤー1のスコア + 1
        else:
```

```
            プレイヤー2のスコア = プレイヤー2のスコア + 1
        図形 = c.create_text(200, 200, text='スナップ！ 1ポイントゲットだ！')
    else:
        if イベント.char == 'q':
            プレイヤー1のスコア = プレイヤー1のスコア - 1
        else:
            プレイヤー2のスコア = プレイヤー2のスコア - 1
        図形 = c.create_text(200, 200, text='まちがい！ 1ポイント失ったぞ！')
    c.pack()
    root.update_idletasks()
    time.sleep(1)

root = Tk()
root.title('スナップ')
c = Canvas(root, width=400, height=400)

図形リスト = []

円 = c.create_oval(35, 20, 365, 350, outline='black', fill='black', state=HIDDEN)
図形リスト.append(円)
円 = c.create_oval(35, 20, 365, 350, outline='red', fill='red', state=HIDDEN)
図形リスト.append(円)
円 = c.create_oval(35, 20, 365, 350, outline='green', fill='green', state=HIDDEN)
図形リスト.append(円)
円 = c.create_oval(35, 20, 365, 350, outline='blue', fill='blue', state=HIDDEN)
図形リスト.append(円)

長方形 = c.create_rectangle(35, 100, 365, 270, outline='black', fill='black', state=HIDDEN)
図形リスト.append(長方形)
長方形 = c.create_rectangle(35, 100, 365, 270, outline='red', fill='red', state=HIDDEN)
図形リスト.append(長方形)
長方形 = c.create_rectangle(35, 100, 365, 270, outline='green', fill='green', state=HIDDEN)
図形リスト.append(長方形)
長方形 = c.create_rectangle(35, 100, 365, 270, outline='blue', fill='blue', state=HIDDEN)
図形リスト.append(長方形)

正方形 = c.create_rectangle(35, 20, 365, 350, outline='black', fill='black', state=HIDDEN)
図形リスト.append(正方形)
正方形 = c.create_rectangle(35, 20, 365, 350, outline='red', fill='red', state=HIDDEN)
図形リスト.append(正方形)
正方形 = c.create_rectangle(35, 20, 365, 350, outline='green', fill='green', state=HIDDEN)
図形リスト.append(正方形)
正方形 = c.create_rectangle(35, 20, 365, 350, outline='blue', fill='blue', state=HIDDEN)
図形リスト.append(正方形)
c.pack()

random.shuffle(図形リスト)

図形 = None
```

```
前の色 = ''
現在の色 = ''
プレイヤー1のスコア = 0
プレイヤー2のスコア = 0

root.after(3000, 次の図形)
c.bind('q', スナップ)
c.bind('p', スナップ)
c.focus_set()

root.mainloop()
```

神経すい弱（180ページ）

```
import random
import time
from tkinter import Tk, Button, DISABLED

def シンボル表示(x, y):
    global 初回
    global 直前のX, 直前のY
    全ボタン[x, y]['text'] = ボタンのシンボル[x, y]
    全ボタン[x, y].update_idletasks()

    if 初回:
        直前のX = x
        直前のY = y
        初回 = False
    elif 直前のX != x or 直前のY != y:
        if 全ボタン[直前のX, 直前のY]['text'] != 全ボタン[x, y]['text']:
            time.sleep(0.5)
            全ボタン[直前のX, 直前のY]['text'] = ''
            全ボタン[x, y]['text'] = ''
        else:
            全ボタン[直前のX, 直前のY]['command'] = DISABLED
            全ボタン[x, y]['command'] = DISABLED
        初回 = True

root = Tk()
root.title('神経すい弱')
root.resizable(width=False, height=False)
全ボタン = {}
初回 = True
直前のX = 0
直前のY = 0
ボタンのシンボル = {}
シンボル = [u'\u2702', u'\u2702', u'\u2705', u'\u2705', u'\u2708', u'\u2708',
           u'\u2709', u'\u2709', u'\u270A', u'\u270A', u'\u270B', u'\u270B',
```

```
            u'\u270C', u'\u270C', u'\u270F', u'\u270F', u'\u2712', u'\u2712',
            u'\u2714', u'\u2714', u'\u2716', u'\u2716', u'\u2728', u'\u2728']
random.shuffle(シンボル)

for x in range(6):
    for y in range(4):
        ボタン = Button(command=lambda x=x, y=y: シンボル表示(x, y), width=3, height=3)
        ボタン.grid(column=x, row=y)
        全ボタン[x, y] = ボタン
        ボタンのシンボル[x, y] = シンボル.pop()

root.mainloop()
```

エッグ・キャッチャー（190ページ）

```
from itertools import cycle
from random import randrange
from tkinter import Canvas, Tk, messagebox, font

キャンバス幅 = 800
キャンバス高さ = 400

root = Tk()
c = Canvas(root, width=キャンバス幅, height=キャンバス高さ, background='deep sky blue')
c.create_rectangle(-5, キャンバス高さ - 100, キャンバス幅 + 5, キャンバス高さ + 5, fill='sea green',
width=0)
c.create_oval(-80, -80, 120, 120, fill='orange', width=0)
c.pack()

色のサイクル = cycle(['light blue', 'light green', 'light pink', 'light yellow', 'light cyan'])
タマゴ幅 = 45
タマゴ高さ = 55
タマゴ得点 = 10
タマゴ速さ = 500
タマゴ間かく = 4000
むずかしさ = 0.95

キャッチャー色 = 'blue'
キャッチャー幅 = 100
キャッチャー高さ = 100
キャッチャー初期位置x = キャンバス幅 / 2 - キャッチャー幅 / 2
キャッチャー初期位置y = キャンバス高さ - キャッチャー高さ - 20
キャッチャー初期位置x2 = キャッチャー初期位置x + キャッチャー幅
キャッチャー初期位置y2 = キャッチャー初期位置y + キャッチャー高さ

キャッチャー = c.create_arc(キャッチャー初期位置x, キャッチャー初期位置y, \
                キャッチャー初期位置x2, キャッチャー初期位置y2, start=200, extent=140, \
                style='arc', outline=キャッチャー色, width=3)
```

```
game_font = font.nametofont('TkFixedFont')
game_font.config(size=18)

スコア = 0
スコアテキスト = c.create_text(10, 10, anchor='nw', font=game_font, fill='darkblue', \
                    text='スコア: ' + str(スコア))

残りライフ = 3
ライフテキスト = c.create_text(キャンバス幅 - 10, 10, anchor='ne', font=game_font, fill='darkblue', \
                    text='ライフ: ' + str(残りライフ))

タマゴリスト = []

def タマゴを作る():
    x = randrange(10, 740)
    y = 40
    新しいタマゴ = c.create_oval(x, y, x + タマゴ幅, y + タマゴ高さ, fill=next(色のサイクル), width=0)
    タマゴリスト.append(新しいタマゴ)
    root.after(タマゴ間かく, タマゴを作る)

def タマゴを動かす():
    for タマゴ in タマゴリスト:
        (タマゴx, タマゴy, タマゴx2, タマゴy2) = c.coords(タマゴ)
        c.move(タマゴ, 0, 10)
        if タマゴy2 > キャンバス高さ:
            タマゴ地面落下(タマゴ)
    root.after(タマゴ速さ, タマゴを動かす)

def タマゴ地面落下(タマゴ):
    タマゴリスト.remove(タマゴ)
    c.delete(タマゴ)
    ライフを失う()
    if 残りライフ == 0:
        messagebox.showinfo('ゲームオーバー!', '最終スコア: ' + str(スコア))
        root.destroy()

def ライフを失う():
    global 残りライフ
    残りライフ -= 1
    c.itemconfigure(ライフテキスト, text='ライフ: ' + str(残りライフ))

def キャッチチェック():
    (キャッチャーx, キャッチャーy, キャッチャーx2, キャッチャーy2) = c.coords(キャッチャー)
    for タマゴ in タマゴリスト:
        (タマゴx, タマゴy, タマゴx2, タマゴy2) = c.coords(タマゴ)
        if キャッチャーx < タマゴx and タマゴx2 < キャッチャーx2 and キャッチャーy2 - タマゴy2 < 40:
            タマゴリスト.remove(タマゴ)
            c.delete(タマゴ)
            スコア加算(タマゴ得点)
```

```python
        root.after(100, キャッチチェック)

def スコア加算(ポイント):
    global スコア, タマゴ速さ, タマゴ間かく
    スコア += ポイント
    タマゴ速さ = int(タマゴ速さ * むずかしさ)
    タマゴ間かく = int(タマゴ間かく * むずかしさ)
    c.itemconfigure(スコアテキスト, text='スコア: ' + str(スコア))

def 左に動く(イベント):
    (x1, y1, x2, y2) = c.coords(キャッチャー)
    if x1 > 0:
        c.move(キャッチャー, -20, 0)

def 右に動く(イベント):
    (x1, y1, x2, y2) = c.coords(キャッチャー)
    if x2 < キャンバス幅:
        c.move(キャッチャー, 20, 0)

c.bind('<Left>', 左に動く)
c.bind('<Right>', 右に動く)
c.focus_set()

root.after(1000, タマゴを作る)
root.after(1000, タマゴを動かす)
root.after(1000, キャッチチェック)
root.mainloop()
```

用語集

ASCII（アスキー）コード
American Standard Code for Information Interchange （ASCII）のこと。文字を二進法の数で記録するためのコード。

暗号化
特定の人しか読んだりアクセスできないよう、データを暗号にすること。

イベント
キーが押されたり、マウスがクリックされるなど、プログラムが反応するできごと。

入れ子構造のループ
ループの中にさらにループが入っているもの。

インデント（字下げ）
ソースコードの一部を、前の行よりも右にずらして書くこと。パイソンでは4文字ずらすのがふつう。ひとかたまりとなっているソースコードは、同じ字数だけ右にずらす。

ウィジェット
TkinterのGUIで使う部品。ボタンやメニューがある。

演算子
特定の働きをする記号。「＋」（足す）、「－」（引く）なども演算子である。

OS（オペレーティングシステム）
コンピューターのすべてをコントロールするソフトウェア。Windows、Mac OS、Linuxなどがある。

関数
大きな作業の一部を行うための短いソースコード。プログラムの中で使われるプログラムと考えることもできる。プロシージャ、サブプログラム、サブルーチンとも呼ばれる。

グラフィック
絵、アイコン、記号など、画面に表示されるもののうちテキストではないもの。

グローバル変数
プログラムのどこででも利用できる変数。ローカル変数を参照。

コメント
プログラマーがソースコードを理解しやすくするために書きこむメモ。プログラムの実行時には無視される。

再帰呼び出し
関数の中で、その関数自身を呼び出させること。

座標
位置や場所を示すための2つ1組の数。ふつうは（x, y）のように書く。

GUI
グラフィカルユーザーインターフェース（GUI）は、ボタンやウィンドウなど、プログラムによって画面表示され、ユーザーと情報のやりとりをするためのもの。

辞書
国名と首都名のように、組にしたデータを集めたもの。

実行する
プログラムを動かすこと。

出力
ユーザーに表示する、プログラムの処理結果。

条件
プログラムの中で何かを判断するために使う。True（正しい）かFalse（まちがい）のどちらかになる。論理式を参照。

syntax
プログラムが正しく動くために、どのようにソースコードを書かなければいけないかというルール。

整数
小数点を持たず、分数を使わなくても書ける数。

タートル・グラフィックス
プログラムでコントロールでき

るタートル（カメ）を動かし、画面に図形をかくためのモジュール。

タブル
アイテムを決まった個数ごとの組にして、その組を集めてまとめたもの。パイソンでは全体をかっこで囲み、アイテムはカンマで区切る。リストとにているが、パイソンのタブルは一度作ったらアイテムの値を変えられない。

定数
変えられない値を持つデータ。

データ
テキスト、記号、数などの情報。

デバッグ
プログラムのまちがいをさがして直すこと。

入力
コンピューターに入ってくるデータ。例えばマイクロフォン、キーボード、マウスなどから入ってくる。

Python（パイソン）
グイド・ヴァンロッサムが作った人気のあるプログラミング言語。入門用としてもすぐれている。

バグ
ソースコードを書くときのまち

がい。プログラムが期待どおり
に動かなくなる。

ハッカー
コンピューターシステムに侵入
する人たち。ホワイトハットハ
ッカーは、コンピューターセキ
ュリティの会社のために働き、
問題をさがして解決する。ブラ
ックハットハッカーは悪いこと
をしたり、もうけるために侵入
する。

引数
関数に渡す値のこと。関数が呼
び出されるとき、同時に引数が
渡される。

ピクセル
色の情報を持つ点。これが集ま
って画像になる。

ファイル
名前をつけて保管されたデータ
の集まり。

浮動小数点数
小数点を持つ数で、コンピュー
ターでよく使われる種類。

フラグ変数
TrueとFalseなど2つの値のど
ちらかしかとらない変数。

フローチャート
プログラムの処理と判断の流れ
を図で示したもの。

プログラミング言語
コンピューターに命令を与える
ために使う言葉。

プログラム
何かの作業をするため、コンピ
ューターに与えられる命令のセ
ット。

分岐
プログラムの流れが2つにわか
れていて、どちらかを選ぶこと
になる点。

変数
プレイヤーのスコアなど、プロ
グラムによって変えられるデー
タを入れておく場所。変数は名
前と値を持つ。

命令文
プログラミング言語で、命令と
して実行できる一番小さい単位。

モジュール
すでに用意されているソースコ
ードのパッケージ。便利な関数
がいくつも入っていて、パイソ
ンのプログラムに組み入れられ
る。

文字列
文字を並べたもの。数字や句読
点などの記号も入れられる。

戻り値
関数が呼び出され実行されたあ

と、呼び出した命令に関数から
返される変数やデータ。

ユーザーインターフェース
ユーザーがソフトウェアやハー
ドウェアと情報のやりとりをす
る手段。GUIを参照。

ユニコード
数千もの文字や記号を表すた
め、世界で使われている文字コ
ード。

呼び出す
プログラムで関数を使うこと。

ライブラリ
他のプロジェクトでも使える関
数を集めたもの。

random
処理結果を予想できないものに
するための関数を集めたモジュ
ール。ゲームを作るときに便利。

リスト
データのまとまり。データを番
号のついた入れ物に入れて管理
している。

ループ
プログラムの一部で、何度もく
り返される部分。ループを使う
ことで、同じソースコードを何
回も書かないですむようにする。

ローカル変数
関数の中など、プログラムの一
部分だけでしか使えない変数。
グローバル変数を参照。

論理式
答えがTrue(正しい)かFalse(ま
ちがい)にしかならない問い。

索引

あ

アーケードゲーム　191
RGB　105
IDLE　16
 色わけ　19
 エディタウィンドウ　19
 エラーメッセージ　48
 シェルウィンドウ　18
 使う　18-19
itemconfigure関数　175
ASCII文字　61
新しいパターンを作る　88
upper関数　45
append関数　68
暗号化　130, 131
 いくつもの方法を使う　141
暗号文　130
イコール記号　28
位置を示す整数　137
イベントドリブン型プログラム　143
イベントハンドラ　148
入れ子式ループ　35, 185
色　79
 RGB　105
 作る　90
インタプリタ　15
インデントエラー　49
int関数　118, 137
input関数　44, 56
import文　59
ウィジェット　111
ウィンドウ外関数　162, 163, 165-66
Windows（OS）　16
webbrowserモジュール　58
エキスパートシステム　121
エスケープ文字　33
エディタウィンドウ　19
エラーのタイプ　49-51
エラーメッセージ　48
円をかく　82-85, 171
open関数　59
大文字化する関数　129

大文字と小文字　37, 40
音を加える　199
onkey関数　162, 165, 167

か

改行コード　114, 125
 改造してみよう
  エキスパートシステム　128-29
  エッグ・キャッチャー　199
  カウントダウン・カレンダー　118-19
  神経すい弱　187-89
  スナップ　177-79
  スパイラル　87-89
  動物クイズ　42-43
  パスワード生成機　57
  はらぺこイモムシ　165-67
  ひみつのメッセージ　138-41
  ペットをかおう　153-55
  星空　97
  文字当てゲーム　66-69
  レインボー・カラー　105-07
  ロボットを作ろう　79-81
角度の計算　93
数をあつかう　25
かっこ
 角かっこ　27
 組にする　51
 座標　76
 波かっこ　123, 124
 引数　39, 44-46
 変数　24
 緑色の文字　19
空の文字列　173
関数　26, 44-47
 再帰呼び出し　85, 86
 作る　46-47
 定義する　46
 名前をつける　47
 ビルトイン　44
 呼び出す　37, 44, 45
キャンバス　113, 144
 色を変える　118
 大きくする　155

キャンバスウィジェット　170
行を変える　42
切りかえ　146, 150-51
クイズ
 改造してみよう　42-43
 多肢選択式　42
 ○×クイズ　43
クォーテーション
 空　173
 組にする　49, 51
 緑色の文字　19
 文字列　26, 173
くらべる　28-29
create_oval関数　171, 177
create_rectangle関数　172
クリプトグラフィー　130
グローバル変数　174
ゲーム　158-99
ゲーム開始関数　161, 162, 164, 166
効果音を加える　199
ことばの長さ　63
 いろいろな長さ　67-68
コメント　75, 95

さ

再帰　85, 86
cycle関数　84, 86, 194
座標　76, 94, 145
GUI（グラフィカルユーザーインターフェース）　111
 神経すい弱　182, 184
 スナップ　170
 ひみつのメッセージ　133-34
シェルウィンドウ　18
 メッセージ表示　48
辞書（ディクショナリ）　121
 使う　124
 作る　123
 データを追加する　125
舌をかく　149
shuffle関数　169, 173, 183
join関数　136
条件　30
ショートカットキー（プログラム

実行）　23
処理をおくらせる　170, 173
simpledialog（ウィジェット）　126
シンボルをセットする　183
真理値　28
スクラッチ　12
スコア表示　161, 164, 166
statistics関数　58
stamp関数　106
str関数　40, 55
stringモジュール　53
スパイラルをかく　82-89
speed関数　97
sleep関数　169
整数　25, 55
正方形をかく　78, 172
setheading関数　81, 164
線
 色をつける　98-107
 引く　178
ソースコードのインデント　35
sort関数　119
socketモジュール　58

た

型エラー　50
タートル
 ウィンドウ内にとどめる　101, 103
 動く速さ　75
 かく　73
 はらぺこイモムシ　158-67
タートル・グラフィックス　72-107
 座標　76
 スパイラル　82-89
 にげ回る　101
 標準モード　74
 星空　90-97
 見えなくする　78, 96
 レインボー・カラー　98-107
 ロボットを作ろう　72-81
タートルをかくす　78, 96, 160
タイトルの印象を変える　119
タイミング　190
time関数　59

timeモジュール 169
だ円をかく 171, 177
多角形をかく 178
タマゴを作る関数 196
choice関数 54, 59, 62, 98, 140
長方形をかく 74-75, 172
Tkinterモジュール 58, 111–13, 121
　エッグ・キャッチャー 191, 193, 195, 199
　座標 145
　神経すい弱 181–82, 184–87
　スナップ 168–70, 173, 176–77
　定数 55
datetimeモジュール 58, 111, 114
テキストファイル 111, 112-14
得点用変数 38
トライ＆エラー 81

な

名前エラー 50
入力データの確認 129

は

背景色 75, 88
背景のセット 199
pygameモジュール 199
Python（パイソン） 12
　インストール 16-17
　ウェブサイト 16
　最初のプログラム 22-23
　仕事で使う 15
　使う理由 14
　パイソン3 16
バグ 13
　直す 23, 48-51
　バグ探し 48
　バグとりのチェックリスト 51
pass（キーワード） 161, 163
パスワード 52-56
　いくつもの生成する 57
　長くする 57
　パスワードクラッカー 52
　ヒント 52

ハッシュ（#）記号 75
BGMを加える 199
引数 44
ピクセル 90
標準ライブラリ 14, 58
平文 130
ファイルに書きこむ 125
ファイルを読みこむ 111
フォーカス 148
forループ 32-33
復号 130, 131
浮動小数点数 25
フラグ変数 150
print関数 44
フローチャート 22
　エキスパートシステム 121
　エッグ・キャッチャー 192
　カウントダウン・カレンダー 111
　神経すい弱 181
　スナップ 169
　スパイラル 184
　動物クイズ 37
　はらぺこイモムシ 159
　パスワード生成機 53
　ひみつのメッセージ 132
　ペットをかおう 143
　星空 92
　文字当てゲーム 61
　レインボー・カラー 100
　ロボットを作ろう 73
プログラマーのスキル 13
プログラミング言語 12
プログラミングってなんだろう？ 12-19
分岐 30-31
文法エラー 48, 49
ペン
　色 85
　サイズ 87
変数 24-27
　グローバル 174
　作る 24
　得点用 38
　名前をつける 24
　フラグ 150

ループ 32
ローカル 174
ボタン（ウィジェット）
whileループ 33-34

ま

マウス
　ペットをかおう 142, 144, 148–49, 151
　星空 97
マッキントッシュ 17
max関数 45
min関数 45
むずかしさを変える
　エッグ・キャッチャー 194, 198
　動物クイズ 42-43
　はらぺこイモムシ 158, 167
　文字当てゲーム 66-67
mainloop関数 169, 181, 199
メッセージボックス（ウィジェット） 126, 187
文字コード 946
　ASCII 61
　ユニコード 61
モジュール 58-59
　インストール 199
　使う 59
　ビルトイン 58
モジュロ演算子（%） 135
文字列 26, 55
　空 173
　切り分ける 116
　くり返し 65
　長さ 26, 136
戻り値 47

や

ユニコード 61
弓形をかく 177-78

ら

ラムダ関数 181, 184

乱数 54
random関数 96
randomモジュール 53,54,58
randint関数 96
randrange関数 55
Runメニュー 23, 38
リスト 27, 136
　位置 115
listen関数 162
reverse関数 45
replace関数 45
rootウィジェット 113, 123, 134, 144, 170, 182, 193
root.mainloop関数 143
ループ 32-35
　入れ子（ネスト） 35, 185
ループ条件 33
　止める 34
　for 32-33
ループ変数 32
　while 33-34
　無限 34
　ループの中のループ 35, 185
len関数 26, 136
range 32
ローカル変数 174
lower関数 40
論理エラー 51
論理式 29, 30, 135

◇翻訳者

山崎 正浩（やまざき まさひろ）

1967年生まれ。慶應義塾大学卒。第一種情報処理技術者。株式会社日立製作所に入社後、京王帝都電鉄株式会社（現京王電鉄株式会社）に移り、情報システム部門でプログラマーとして勤務。高速バスの座席予約システムのプログラム作成などに携わる。主な使用言語はC言語とRPG/400。2001年に退職し、現在は翻訳業に従事。訳書に『10才からはじめるプログラミング図鑑』『10才からはじめるゲームプログラミング図鑑』（いずれも創元社）などがある。

本書の内容に対するご意見およびご質問は創元社大阪本社宛まで文書かFAXにてお送りください。お受けできる質問は本書で紹介した内容に限らせていただきます。なお、電話での質問にはお答えできませんのであらかじめご了承ください。

たのしくまなぶ Python プログラミング図鑑

2018年8月20日　第1版第1刷発行

著　者　キャロル・ヴォーダマンほか
訳　者　山崎正浩
発行者　矢部敬一
発行所　株式会社 創元社　http://www.sogensha.co.jp/
　　　　〔本社〕〒 541-0047 大阪市中央区淡路町 4-3-6
　　　　Tel.06-6231-9010 Fax.06-6233-3111
　　　　〔東京支店〕〒 101-0051 東京都千代田区神田神保町 1-2 田辺ビル
　　　　Tel.03-6811-0662

　　　　ISBN978-4-422-41419-5 C0055
　　　　Printed in China

落丁・乱丁のときはお取り替えいたします。

JCOPY 〈出版者著作権管理機構 委託出版物〉
本書の無断複写は著作権法上での例外を除き禁じられています。複写される場合は、そのつど事前に、出版者著作権管理機構（電話 03-3513-6969、FAX 03-3513-6979、e-mail: info@jcopy.or.jp）の許諾を得てください。